# CON GRIN SU CONOCIMIENTOS VALEN MAS

- Publicamos su trabajo académico, tesis y tesina

- Su propio eBook y libro - en todos los comercios importantes del mundo

- Cada venta le sale rentable

Ahora suba en www.GRIN.com
y publique gratis

**Bibliographic information published by the German National Library:**

The German National Library lists this publication in the National Bibliography; detailed bibliographic data are available on the Internet at http://dnb.dnb.de .



**Imprint:**

Copyright © 2015 GRIN Verlag, Open Publishing GmbH
Print and binding: Books on Demand GmbH, Norderstedt Germany
ISBN: 978-3-668-06466-9

**Abraham Aguilar García**

# Webquest para la sistematización de conceptos informáticos

GRIN Publishing

# Universidad de Ciencias Pedagógicas "Félix Varela Morales"

# TRABAJO DE DIPLOMA

**WEBQUEST PARA LA SISTEMATIZACIÓN DE CONCEPTOS EN LA UNIDAD 1: "ADENTRÁNDONOS AL MUNDO DE LAS TIC" DE LA ASIGNATURA INFORMÁTICA EN EL 7mo GRADO.**

Autor: Abraham Aguilar García.

Santa Clara 2015

"Año 57 de la Revolución"

# Pensamiento

"No hay más que asomarse a las puertas de la tecnología y la ciencia contemporánea para preguntarse si es posible vivir y conocer ese mundo del futuro sin un enorme caudal de preparación y conocimientos".

Fidel Castro Ruz

# Dedicatoria

*Dedico este trabajo a la Revolución Cubana por darnos la posibilidad de realizarnos y formarnos cómo verdaderos hombres y mujeres en una sociedad culta.*

*A mi madre, sin la cual hubiera sido imposible realizar este sueño porque cada día, en cada momento, ha sabido guiarme por el camino de la sabiduría.*

# Agradecimientos

Agradezco la colaboración de todos aquellos, que de una forma u otra, han hecho posible la realización de esta investigación, y en especial:

A mis tutores Dr. C. Odalys Chou Rivero y MSc. Víctor Martínez Martínez, por el apoyo material y espiritual en el desarrollo de esta investigación, la cual sin la ayuda de ellos hubiese sido imposible.

A MSc. Teresa Monja Arteaga por la ayuda brindada en cada momento que la necesité.

A mi novia por su confianza y apoyo.

A todos los amigos que intercedieron por mí todo este tiempo.

Los agradecimientos son infinitos cuando hay implicadas tantas personas especiales.

A cada mano extendida entrego mi corazón y mi eterna gratitud.

# Resumen

El presente trabajo se ha realizado con el propósito de sistematizar conceptos informáticos que contribuyan a favorecer, en los estudiantes que ingresan en la Enseñanza General Media, el desarrollo de las habilidades necesarias para la resolución de problemas con el empleo de la computadora. Durante el proceso investigativo, una vez aplicado métodos de investigación teóricos, empíricos y estadísticos, se ha constatado que en el diagnóstico realizado se han hallado insuficiencias que presentan los estudiantes que ingresan al 7mo grado en la Escuela Vocacional de Arte "Olga Alonso" de Santa Clara, acerca de los contenidos de la Unidad 1: Adentrándonos al mundo de las Tecnologías de la Información y las Comunicaciones, del Programa de la asignatura Informática para este grado. La solución al problema científico que se presenta consiste en la propuesta de una Webquest que se dirige a la sistematización de conceptos informáticos en los estudiantes del 7mo grado del centro donde se desarrolla la investigación. Esta Webquest que se propone como recurso informático, propicia la sistematización del contenido de la citada Unidad de estudio y un mejor aprovechamiento de los recursos informáticos, además, se distingue por contener acciones para establecer interrelaciones significativas en el sistema de conceptos de la asignatura Informática.

# *Abstract*

The present work has been carried out with the purpose of systematizing computer concepts that contribute to favor, in the students that begin in Junior High School, the development of the necessary abilities for the resolution of problems with the employment of the computer. During the investigative process, once applied theoretical, empiric and statistical investigation methods, it has been verified that in the carried out diagnosis they have been inadequacies for 7th grade students in Vocational Art School "Olga Alonso" in Santa Clara, about the contents of the Unit 1: Going into to the world of the Technologies of the Information and the Communications, of the Program of the Computer subject for this grade. The solution to the scientific problem that is presented consists on the proposal of a Webquest that goes to the systematizing of computer concepts for 7th grade students of the school, where the investigation is developed. This Webquest that intends as computer, favorable resource the systematizing of the content of the mentioned Unit study, and a better use of computer resources, also, is distinguished to contain actions to establish significant interrelations in the system of concepts of the Computer subject.

# Índice


Introducción ....................................................................................................................... 1

Desarrollo ........................................................................................................................... 6

  1. Perspectiva teórica del problema de investigación. ............................................... 6

    1.1. La formación de conceptos ............................................................................... 6

    1.2. Sistematización de conceptos. .......................................................................... 11

    1.2.2. La sistematización de los conceptos informáticos. ...................................... 14

  2. Fundamentación y presentación de la propuesta de solución. ............................ 24

    2.1. Diagnóstico y/o determinación de las necesidades .......................................... 24

      2.1.1. Regularidades de la determinación de necesidades. ............................. 29

    2.2. Fundamentación y presentación de la propuesta de solución. ......................... 29

      2.2.1. Confección de la Webquest que se propone. ........................................ 34

    2.3. Valoración de la propuesta a partir del Criterio de especialistas .............. 37

    2.4. Validación de la propuesta de Webquest ......................................................... 39

Conclusiones ..................................................................................................................... 43

Recomendaciones ............................................................................................................. 45

# Introducción

La política educacional que se establece en Cuba debe garantizar la formación de las nuevas generaciones para el desarrollo socioeconómico del país, con una elevada preparación integral que posibilite la formación y desarrollo de sus potencialidades, de acuerdo con las necesidades de la época actual.

Acerca de ello, el programa del Partido Comunista de Cuba (PCC) enfatiza en la necesidad del empleo de la Informática en la educación; por esta razón se incluye en todos los planes de estudio el uso de la computadora como objeto de estudio, herramienta de trabajo y/o medio de enseñanza.

La creciente presencia de la Informática en los centros de enseñanza, es una prueba de que nos encaminamos hacia un modelo de sistema educativo en el cual la computadora debe jugar un papel muy importante. Sin embargo, a pesar de que en el entorno educativo había comenzado su empleo antes que otros sectores de la sociedad, no se ha alcanzado su más efectiva y racional utilización. Este es un fenómeno complejo y de largo alcance en el marco de la revolución tecnológica por el que atraviesa toda la sociedad.

Asimismo, la introducción paulatina de la Informática con carácter curricular en los diferentes niveles educativos ha obedecido a una política de informatización de la sociedad cubana y para ello la Revolución no ha escatimado esfuerzos, ni recursos, para dotar los centros educacionales de computadoras y de colecciones de software educativos que sirven de apoyo y complemento al plan de estudio de las diferentes enseñanzas, por ello la Informática se instrumenta en la formación de las nuevas generaciones en sus tres vertientes fundamentales, citadas anteriormente.

En la primera de estas vertientes, como objeto de estudio, se trata de dotar al estudiante del sistema conceptual y procedimental que necesita dominar para poder desarrollar habilidades para la resolución de problemas con el empleo de la computadora (Colectivo de autores, 2000).

Concretamente el aprendizaje de la Informática en la Secundaria Básica se dirige a lograr en el estudiante una formación básica que le permita, de manera más consciente, resolver problemas con el empleo de la computadora. Este aprendizaje consciente depende en gran medida de la solidez en la formación de conceptos y procedimientos informáticos por parte de los estudiantes, en cuya base se encuentra el logro de las habilidades necesarias para solucionar problemas.

Particularmente la formación de conceptos informáticos posee un importante valor para lograr un aprendizaje reflexivo, ya que es necesario que se establezcan por los estudiantes las relaciones adecuadas entre las categorías que conforman el sistema de conocimientos que va incorporando en su aprendizaje.

Relacionado con la temática que se aborda en el presente estudio existen, como precedentes, diversas investigaciones que han acometido experiencias en la sistematización de conceptos, como es de resultados en el multígrado (Hurtado 2010); de resultados en la aplicación del software educativo Guinía, La primera Victoria (Bermúdez, 2011) y en el software educativo "Mi localidad en la Revolución en el Poder" (Díaz, 2012), sin embargo, ninguno de ellos intenciona la necesaria sistematización de conceptos informáticos.

Es fehaciente que la formación de conceptos es esencial para conseguir un aprendizaje efectivo de los contenidos informáticos y en este sentido hoy se evidencian carencias en los estudiantes que cursan la Secundaria Básica en la Escuela Vocacional de Arte (EVA) "Olga Alonso", los cuales presentan dificultades para establecer relaciones y nexos lógicos entre los principales conceptos que se tratan en la asignatura.

De esa situación problémica emerge el siguiente **problema científico:** ¿cómo contribuir a la sistematización de conceptos informáticos de la Unidad 1: Adentrándonos al mundo de las TIC, en los estudiantes del 7mo grado de la EVA "Olga Alonso"?

Se ha determinado como **objeto de estudio** el proceso de enseñanza aprendizaje de la Unidad 1: Adentrándonos al mundo de las TIC, precisándose en el tratamiento en la formación de conceptos que se abordan en el estudio de la citada Unidad del Programa de Informática de 7mo grado.

Para darle solución al problema científico que se presenta se traza como **objetivo general**, elaborar una Webquest, como estrategia de aprendizaje, que favorezca la sistematización de conceptos informáticos en la Unidad 1: Adentrándonos al mundo de las TIC en los estudiantes de 7mo grado de la EVA "Olga Alonso", la cual puede ser empleada en el tiempo de máquina del laboratorio de computación.

El proceso de investigación se ha orientado a partir de las siguientes **interrogantes científicas:**

1. ¿Cuáles son los referentes teóricos que sustentan la elaboración de una Webquest para la sistematización de conceptos informáticos de la Unidad 1: Adentrándonos al mundo de las TIC en los estudiantes del 7mo grado de la EVA "Olga Alonso"?

2. ¿Qué carencias presentan los estudiantes del 7mo grado de la EVA "Olga Alonso" en el dominio de conceptos informáticos de la citada Unidad del Programa de Informática?

3. ¿Qué contenido debe poseer una Webquest para facilitar la sistematización de conceptos informáticos de la Unidad 1: Adentrándonos al mundo de las TIC en los estudiantes del 7mo grado de la EVA "Olga Alonso"?

4. ¿Qué valoración hacen los especialistas acerca de la Webquest que se propone como solución al problema científico?

5. ¿Qué resultados se obtienen al aplicar en la práctica pedagógica la Webquest elaborada para favorecer la sistematización de conceptos informáticos de la citada Unidad?

A partir de las interrogantes se trazan las **tareas científicas:**

1. Determinación de los referentes teóricos que sustentan la elaboración de una Webquest para la sistematización de conceptos informáticos de la Unidad 1: Adentrándonos al mundo de las TIC en los estudiantes del 7mo grado de la EVA "Olga Alonso"

2. Constatación de las carencias que presentan los estudiantes del 7mo grado de la EVA "Olga Alonso" en el dominio de los conceptos informáticos de la Unidad citada.

3. Definición de las características que debe poseer una Webquest dirigida a la sistematización de conceptos informáticos en los estudiantes del 7mo grado.

4. Valoración de los especialistas acerca de la Webquest que se propone para contribuir a la sistematización de conceptos informáticos de la citada Unidad.

5. Validación de los resultados que se obtienen al aplicar en la práctica pedagógica la Webquest elaborada en el 7mo grado de la EVA "Olga Alonso.

La **población** de estudio es de 44 estudiantes matriculados en el 7mo grado de la EVA "Olga Alonso", caracterizados por su hiperactividad, lo cual es normal para la edad que poseen, pues oscila entre los 11 y 14 años, todos presentan poco dominio de los conceptos informáticos que se tratan en la aludida Unidad.

El quehacer científico ha exigido el empleo de métodos y técnicas científicos que han sido seleccionados sobre la base del método materialista dialéctico.

**Del nivel teórico:**

**Analítico – Sintético:** ha posibilitado el análisis individual de los elementos de la situación problémica y luego relacionarlos como un todo. Descomponer la información y a la vez integrarla para elaborar la Webquest y arribar a conclusiones.

**Inductivo – Deductivo:** los razonamientos inductivos y deductivos han facilitado la formación y demostración de los elementos particulares relacionados con la fijación de conceptos informáticos por parte de los estudiantes del 7mo grado.

**Histórico - Lógico:** se ha empleado en el análisis del comportamiento y evolución del fenómeno acerca de la sistematización de conceptos por los estudiantes.

**Modelación:** se aplica en la elaboración de la Webquest y en su incidencia en la sistematización de los conceptos informáticos por los estudiantes.

**Tránsito de lo abstracto a lo concreto:** para reflejar las cualidades y regularidades generales, estables y necesarias del fenómeno, de la creatividad en el empleo didáctico de la Informática, permitiendo concretar causas y efectos del fenómeno estudiado durante la investigación pedagógica.

**Sistémico estructural – funcional:** como vía para la explicación de la sistematización de conceptos que se abordan en el Programa de Informática de 7mo grado, las relaciones entre estos, así como para elaborar la Webquest.

**Métodos del nivel empírico:**

**Análisis de documentos:** aplicado al Programa de Informática de la Educación Primaria para delimitar conceptos informáticos que el estudiante debe haber formado y sistematizado al arribar a la Secundaria Básica y al Programa de Informática Básica del 7mo grado para precisar objetivos y contenidos del grado, a fin de hacer corresponder la propuesta de solución con los mismos. Se analiza el Software Educativo Informática Básica para establecer la correspondencia de la propuesta con las opciones del hiperentorno de aprendizaje de este medio de enseñanza.

**Observación:** a clases de la asignatura para evaluar la relación contenido-medio en la sistematización de conceptos informáticos por parte de los estudiantes de 7mo grado de la EVA "Olga Alonso".

**Encuesta:** aplicada a los estudiantes para valorar su nivel de motivación por la asignatura y por el empleo didáctico de la computadora.

**Entrevista:** aplicada a los profesores de Informática de la EVA "Olga Alonso", para obtener una valoración objetiva de la sistematización de conceptos informáticos por parte de los estudiantes de 7mo grado.

**Pre experimento:** preprueba - posprueba aplicada a los estudiantes de 7mo grado.

**Triangulación:** a partir de los datos recogidos en los documentos que norman objetivos y contenidos del grado.

**Criterio de expertos:** para la evaluación de la Webquest construida que soluciona el problema científico que se aborda.

**Del nivel matemático-estadístico:** se emplea la Estadística Descriptiva en el procesamiento de la información para analizar tendencias en el objeto de estudio.

**Novedad y aporte:** se aporta una Webquest, como estrategia de aprendizaje, que consiste en un medio de enseñanza que facilita la sistematización de conceptos informáticos por parte de los estudiantes del 7mo grado. El producto informático es el aporte práctico. Su novedad está dada por los contenidos que ofrece, los cuales están dirigidos a perfeccionar el proceso de enseñanza aprendizaje de la Unidad 1 del Programa de Informática Básica, particularmente en el tratamiento de conceptos informáticos, los cuales debe dominar este estudiante para, posteriormente, solucionar problemas prácticos con la ayuda de la computadora. La Webquest que se propone se distingue por facilitarle al usuario ejecutar acciones que conllevan a la elaboración de mapas conceptuales como recurso para establecer relaciones significativas en el sistema conceptual, así como una propuesta de ejercicios interactivos.

# *Desarrollo*

Resulta conveniente que la escuela inculque, aún más, el deseo y el placer de aprender. Paralelamente a la adquisición de conocimientos, es necesario desarrollar en los estudiantes habilidades para pensar científicamente, utilizar una red integradora de conceptos y ser capaz, a partir de esta, de desarrollar un conocimiento nuevo.

## 1. Perspectiva teórica del problema de investigación.

En el presente epígrafe se aborda la formación y sistematización de conceptos en la asignatura Informática, particularizando en la Unidad 1: Adentrándonos al mundo de las TIC, la cual se imparte en el 7mo grado de la Secundaria Básica; además se fundamentan las carencias que presentan en esa temática estos estudiantes de la EVA "Olga Alonso" desde la teoría relacionada con la formación de conceptos, la sistematización de conceptos, en la didáctica y de los conceptos informáticos, así como los medios de enseñanza informáticos y la Web como componente mediador para la sistematización de conceptos informáticos.

### 1.1. La formación de conceptos.

En el programa de la asignatura Informática para la Secundaria Básica se plantea la necesidad de prestar especial atención a la *fijación de conceptos informáticos específicos* de cada sistema de aplicación contemplado en el mismo, llamando la atención en aquellos que trascienden la aplicación particular y son generales de la Informática.

Asimismo, la formación de conceptos informáticos, como la forma regular de la enseñanza de la Informática, es un pilar básico para la adquisición del conocimiento necesario para la posterior resolución de problemas con el empleo de la computadora por parte del estudiante.

Relacionado con el concepto, se plantea que es una forma de pensamiento abstracto que refleja los indicios sustanciales de una clase de objetos (Guetmanova, 1989).

El conocimiento se expresa a través de los conceptos, de aquí su importancia para la ciencia. Los conceptos se forman en el proceso de desarrollo histórico de la sociedad humana y se asimilan por el individuo durante su progreso individual. En este proceso, el contenido de los conceptos cambia y, en ocasiones, se hace completamente diferente al que se tuvo en principio.

La manera de asimilar los conceptos es muy variada, pero se pueden concentrar en dos grupos: asimilación por aprendizaje espontáneo y por enseñanza escolar.

Acerca de ello Talízina (1988) esboza: *"La tarea de la enseñanza consiste precisamente en separar y organizar multifacéticamente la actividad necesaria para la asimilación de los conceptos. Las acciones intervienen como medio de formación de los conceptos y como medio de su existencia, al margen de las acciones, el concepto no puede ser asimilado ni aplicado posteriormente a la solución de problemas."*

Según esta autora, el proceso de formación de conceptos debe ser enfocado desde la actividad, de las acciones relacionadas con la formación y el funcionamiento de los conceptos y desde la comunicación que deviene de esta actividad y propone las siguientes condiciones para la dirección del proceso de asimilación de los conceptos:

- Existencia de la acción adecuada al objetivo planteado.
- Conocimiento de la composición estructural y funcional de la acción destacada.
- Representación de todos los elementos de la acción en su forma exterior, material (o materializada).
- Formación por etapas de la acción destacada con el perfeccionamiento de todos los parámetros dados.
- Existencia del control por operaciones en la asimilación de las nuevas formas de la acción.

En consecuencia con estas condiciones, las acciones para la formación de conceptos deben ser flexibles y variadas, además de estimular el desarrollo de formas nuevas de expresar las características de estos, propiciando la realización de procesos de análisis, síntesis, comparación, abstracción y generalización, que favorezcan el desarrollo intelectual del estudiante y el autoaprendizaje.

Klimberg (1978) considera que la formación de un concepto no tiene lugar regularmente en una hora de clase y Statkin, citado por Klimberg (1978), considera que todo concepto produce en la conciencia del estudiante un largo proceso de desarrollo.

Okon, igualmente citado por Klimberg (1978), diferencia tres etapas en la formación de conceptos:

1. Asociación de palabras con los objetos correspondientes.
2. Formación de conceptos elementales mediante el conocimiento de las propiedades externas de los objetos y fenómenos.
3. Formación de los conceptos científicos.

En la tercera y más importante etapa, se diferencian las siguientes fases:

- Comparación de los objetos y fenómenos en estudio.
- Búsqueda de las propiedades comunes y específicas del objeto.
- Determinación del concepto mediante el conocimiento de las propiedades.
- Aplicación del concepto en nuevas situaciones.

Acerca de ello se considera la formación de concepto como un proceso que va desde la creación del nivel de partida, la motivación y la orientación hacia el objetivo, y que transita por la separación de las características comunes y no comunes, hasta llegar a la definición o explicación del concepto.

A partir de los fundamentos de la Metodología de la Enseñanza de la Informática, expresados por Expósito (2001), en las disciplinas informáticas se pueden diferenciar conceptos de Informática o Computación en general, conceptos de un determinado lenguaje o familias de software para propósitos específicos (sistemas de aplicación) y conceptos de fundamentos de Programación o algoritmia. En el caso particular de la Secundaria Básica se tratan conceptos informáticos generales y referentes a sistemas de aplicación.

Este propio autor hace referencia a determinados aspectos a tener en cuenta para estructurar metodológicamente un concepto informático, entre los que se encuentran:

1. Importancia del concepto en el contexto de la Informática, es decir, determinar si es general o específico, si es básico para la formación de otros conceptos y su campo de aplicación.

2. Teniendo en cuenta el grado de desarrollo de los estudiantes, sus conocimientos precedentes y la complejidad del concepto a determinar, si este concepto se va a formalizar mediante una definición o se va a introducir solo mediante una descripción de sus características esenciales. Es válido señalar que en el caso particular de la Secundaria Básica los conceptos se formalizan mayoritariamente sobre la base de la descripción, atendiendo al nivel de maduración del pensamiento del estudiante de este nivel; no obstante se comparte el criterio que es un buen momento para dar los primeros pasos en la formulación de definiciones por parte de este estudiante, de manera que consiga verbalizar sus propias representaciones mentales de aquellos objetos que conceptualiza.

3. Definir la vía lógica que se va a utilizar para la formación del concepto; es decir, si se va a proceder según las vías: deductiva (de lo general a lo particular), inductiva (de lo particular a lo general), o analógica.

4. Definir las acciones fundamentales, de forma inmediata o mediata, que se van a realizar para la fijación del concepto, ya sean de identificación y/o de realización.

Todos estos aspectos se deben tener en cuenta, sin obviar que la formación de conceptos, como forma regular de la enseñanza de la Informática, se sucede en dos fases fundamentales[1]:

Primero: Se forma el concepto según la vía lógica elegida.

Segundo: Se fija el concepto mediante acciones y operaciones convenientes.

Para que el proceso de formación de conceptos se produzca de manera racional es importante el establecimiento de relaciones significativas entre los conceptos que conforman un sistema conceptual en la asignatura.

Esto requiere que se introduzcan conceptos sobre la base de conocimientos precedentes que le permitan al estudiante comprender lo nuevo en su nexo con aquello que ya conoce.

Expósito, citado por Mercedes (2009) reconoce las siguientes regularidades en la enseñanza de la Informática:

- Formación de conceptos.

---

[1] Pérez Mok, Mercedes y Urgellés Castillo, Idalmis (2009). Propuestas para la formación de conceptos en Informática.

- Elaboración de procedimientos.

- Resolución de problemas.

En el proceso de formación de conceptos informáticos inciden, entre otros, los siguientes aspectos:

1. Filosófico-social. La educación es un fenómeno social, donde educando y educador realizan su encuentro en un contexto social, fuera del cual resulta impensable toda relación entre personas. La educación no moldea al hombre en abstracto, sino dentro y para una determinada sociedad.

El programa de Informática Educativa tiene como fundamento las leyes, principios y categorías principales de la dialéctica materialista y la acción conjunta, orientada y coherente de todos los factores que inciden en la educación de los estudiantes.

2. Los procesos lógicos. Los estudios de informática tienen un gran peso en el desarrollo de un estilo de pensamiento algorítmico y de habilidades tales como: saber planificar la estructura de las acciones para realizar determinado fin, a partir de ciertas condiciones, saber describir de manera clara y precisa cualquier objeto participante en la solución de las tareas y observar la unidad del mundo circundante en propiedades generales de los objetos y fenómenos.

3. El carácter psicológico. Esto es algo que no siempre se considera dentro de la formación de conceptos, donde se asocian las peculiaridades de la personalidad que están muy ligadas con la situación emocional. En el proceso de enseñanza aprendizaje de la Informática interviene un nuevo elemento: la computadora, que permite apoyar la comunicación del maestro en otros procesos como la observación, la visualización y la aplicación.

Desde el punto de vista psicológico se plantea que existen condiciones que influyen en la formación de conceptos, tales como:

- Las peculiaridades de la personalidad y la motivación.

- Los esfuerzos orientados hacia la búsqueda del conocimiento.

- El análisis previo de la esencia de la tarea mental y la valoración de sus posibles soluciones: tener conciencia de para qué, por qué y cómo.

- El conocimiento de propiedades, relaciones y funciones de los objetos precedentes que sirven de base.

- La adecuada orientación del pensamiento.

A partir de lo antes expuesto, el autor de la presente investigación considera que los referentes teóricos abordados, relacionados con la formación de conceptos, constituyen un precedente para el proceso de enseñanza aprendizaje de la Informática en la Secundaria Básica.

## 1.2. Sistematización de conceptos.

Sistematización es el sustantivo con que se designa la acción y el efecto de sistematizar, o lo que es igual, es el concepto que denomina no solo las operaciones que permiten concretar tal acción, sino también su resultado. Por su parte, se entiende por sistematizar la organización mediante un sistema. Esta última voz, proveniente del latín y del griego, alude al conjunto de reglas o principios sobre una materia racionalmente enlazados entre sí; también, al conjunto de cosas que relacionadas entre sí ordenadamente contribuyen a determinado objeto (Rodríguez del Castillo, 2009).

La propia autora expone como en la bibliografía pedagógica actual, el campo semántico asociado a esta palabra incorpora nociones como las de organización, ordenación, estructuración, distribución, clasificación, alineación, colocación, etc., las cuales resultan congruentes con las ya citadas. A la vez, los sentidos con los que suele utilizarse el término aparecen indistintamente relacionados con los de método, modo de hacer, proceso de reflexión, proceso metodológico, criterio, eslabón de una lógica, operación, dirección, etapa, modalidad, interpretación, producto terminado y medible, principio, etc. Cuando se estudia su uso dentro de informes de investigación o tesis de maestría y/o doctorado es frecuente encontrarlo como tarea, método, aporte o contribución, herramienta de trabajo, etc.

Definir un concepto es siempre materia compleja ya que es difícil recoger en pocas palabras todos los matices que se consideran fundamentales. Por ello existen diferentes definiciones de la sistematización, que dan indicios acerca de lo que es y puede ayudar a comprender mejor la propuesta de solución al problema científico que se presenta.

Se trata de un proceso participativo de reflexión crítico de lo sucedido en una experiencia y sus resultados, realizado fundamentalmente por sus actores directos, para explicar por qué se obtuvieron esos resultados y extraer lecciones que permitan mejorarlos. J. Berdegué y otros (2002).

La sistematización es aquella interpretación crítica de una o varias experiencias, que, a partir de sus ordenamiento y reconstrucción descubre o explicita la lógica del proceso vivido, los factores que han intervenido en dicho proceso, cómo se han relacionado entre sí, y por qué lo han hecho de ese modo. Jara (2003).

En el documento "la Sistematización de la Práctica Docente en EDJA" (Iovanovich, 2003) se define la sistematización como "un proceso permanente y acumulativo de producción del conocimiento a partir de la experiencia de intervención en una realidad social determinada (en nuestro caso, los servicios educativos destinados a jóvenes y adultos y la comunidad local de referencia) buscando transformarla con la participación real en el proceso de los actores involucrados en ella.

*"La sistematización es un proceso teórico y metodológico, que a partir de la recuperación e interpretación de la experiencia, de su construcción de sentido y de una reflexión y evaluación crítica de la misma, pretende construir conocimiento, y a través de su comunicación orientar otras experiencias para mejorar las prácticas sociales"*. Carvajal (2010).

La sistematización es la conformación de un sistema, de una organización específica de ciertos elementos o partes de algo. Ya que un sistema es un conjunto de reglas, métodos o datos sobre un asunto que se hayan ordenados y clasificados, llevar a cabo un proceso de sistematización será justamente eso: establecer un orden o clasificación. Diseñadores (2011).

No obstante, hay que señalar que no existe una definición consensuada sobre qué es la sistematización, lo que puede añadir confusión para entender el concepto. Se asume en el presente trabajo definición de sistematización dada por Francke y Morgan (1995), quienes manifiestan que la sistematización se conceptualiza como una forma de generación de conocimientos adecuada a las condiciones de trabajo y capacidades particulares de quienes están involucrados cotidianamente en la ejecución de las acciones y que son, ante todo prácticos, por lo que tienen formas de acceder a la información y procesarla.

Una vez analizados diversos conceptos acerca de la sistematización, se constata que este término se identifica, como una regularidad, como sistema, proceso, experiencias y conocimiento.

### 1.2.1. La sistematización en la Didáctica.

Lothar Klimberg (1978) considera la existencia de nueve principios didácticos y, dentro de ellos, coloca al principio de la planificación y sistematización de la enseñanza, del cual destaca con singular relevancia el papel de la enseñanza sistemática y considera que esta implica la conducción del proceso de enseñanza aprendizaje por etapas fundamentadas desde el punto de vista lógico y didáctico.

El citado autor, a la vez considera que la enseñanza sistemática favorece la articulación de todos los eslabones del proceso de enseñanza aprendizaje, dentro de lo cual incluye la repetición, la ejercitación, la aplicación y la sistematización.

Acerca de ello destaca que *"En la sistematización como operación lógico-didáctica, se expresa el carácter sistemático de la enseñanza. Las fases de sistematización (que se deben planificar), ayudan a fomentar los conocimientos ordenados, claros, duraderos y recíprocamente vinculados: aquí se trata, fundamentalmente, del ordenamiento de hechos y conceptos aislados que formen relaciones más amplias con una importancia ideológica y científica. Ejercitar a los estudiantes en la sistematización es una tarea más de la enseñanza"* (Klimberg, 1978:251).

Otros autores contemporáneos valoran el principio de sistematicidad (no de sistematización), y aluden al hecho de que este principio toma en consideración el enfoque de sistema en la labor docente y señalan que, su razón de ser, se encuentra en la base de la teoría de la asimilación.

Interesa destacar en este sentido el hecho de considerar a la sistematización como una operación lógico-didáctica que, inherente al proceso de enseñanza aprendizaje, pretende ejercitar a los estudiantes en estos procederes.

El estudio de los postulados de los autores citados, constata que desde la teoría existen precedentes de la importancia que tiene la sistematización para el aprendizaje, lo cual corrobora que en el proceso de enseñanza aprendizaje de la Unidad 1: Adentrándonos al mundo de las TIC, del Programa de Informática de 7mo grado, la sistematización de conceptos tiene un rol preponderante para la comprensión del sistema de conocimientos que se desarrolla en la asignatura.

### 1.2.2. La sistematización de los conceptos informáticos.

En la enseñanza de la Informática juegan un papel fundamental las denominadas situaciones típicas, donde según Zillmer citado por Álvarez (2013) como: *"...aquellas situaciones reales en la enseñanza de una o varias asignaturas que poseen semejanza con respecto a determinados parámetros esenciales, con respecto a la estructura objetivo-contenido, y por tanto estas situaciones permiten un proceder semejante en la aplicación de una determinada estrategia de conducción y de los procedimientos metodológicos - organizativos"*.

Dentro de estas situaciones típicas se puede precisar:

- El tratamiento de conceptos informáticos y sus definiciones.
- El tratamiento de ejercicios con texto y de aplicación.
- El tratamiento de procedimientos algorítmicos.

Estos *procedimientos metodológicos - organizativos* requieren de constante sistematización en el proceso de enseñanza aprendizaje de la Informática; en este trabajo se trata especialmente la sistematización de la situación típica "conceptos".

En la ciencia Informática se distinguen relaciones lógicas entre los conceptos de una teoría. Una posibilidad para sistematizar conceptos es aprovechar las relaciones lógicas entre ellos y estructurar así el sistema de conocimientos, es decir, establecer relaciones entre: conceptos superiores y subconceptos. Su realización se puede apoyar en el empleo de tablas, esquemas u otras representaciones.

La sistematización de los conceptos es condición necesaria para su posterior aplicación en la solución de ejercicios y también para *"recordar"*, de modo racional, las propiedades y características que les son inherentes. A través de la sistematización se debe aprender que: todas las propiedades válidas para un concepto superior, lo son para sus conceptos subordinados; los conceptos subordinados cumplen propiedades especiales a partir de las propiedades generales que le vienen dadas por su concepto superior[2].

La sistematización de conceptos informáticos puede ser tratada de diferentes formas, pero se tiene como invariantes destacar sus propiedades, sus diferencias y analogías con otros conceptos, así como utilizar diagramas, en los cuales se muestre la subordinación de diferentes conceptos relacionados entre sí y con el inmediato superior, y tratar las diferentes clasificaciones del concepto, con su fundamentación.

La orientación hacia el objetivo se basa también en la búsqueda de relaciones y dependencias entre conceptos, proposiciones o procedimientos. No es posible sistematizar los conocimientos que no se poseen. Esto quiere decir que una condición imprescindible para que pueda tener lugar la sistematización es la disponibilidad de los conocimientos que deben ser sistematizados.

A este fin juega un importante papel asegurar el nivel de partida requerido, mediante la consolidación de los conocimientos que sean necesarios. Esta consolidación o repaso debe realizarse con la participación activa de los estudiantes y desde puntos de vista diferentes a los ya conocidos, para evitar la monotonía y posible falta de interés que puede producir en ellos escuchar nuevamente la repetición de lo conocido o la resolución de actividades empleando los mismos medios (software educativos).

En el propio artículo, referenciado anteriormente, se expone que la sistematización puede tener lugar mediante el empleo de diferentes recursos metodológicos, tales como: respuestas a preguntas formuladas por el profesor, resolución a ejercicios propuestos en la clase o de tarea (eventualmente empleando hojas de trabajo, guías de estudio), organización de competencias, encuentros de conocimientos, el trabajo con las TIC, realización de un estudio individual de los contenidos correspondientes en el texto e indicaciones para consultar el texto durante la clase. Pero también puede alcanzarse empleando diferentes estrategias de aprendizaje con recursos informáticos, tales como: softareas, Webquest, etc.

---

[2] Diseñadores. Disponible en: http://tecnoinfo-unellez.blogspot.com/2011/05/conceptos-basicos-de-sistematizacion.html

Puede resultar conveniente para esta sistematización el uso de formas de organización que propicien el empleo de las técnicas de la dinámica de grupo (técnicas participativas).

Una vez que se ha comprobado la existencia de un nivel de partida adecuado para la sistematización, la actividad del profesor ha de dirigirse a que los estudiantes comparen y destaquen características comunes y no comunes; a que los estudiantes reconozcan lo esencial y puedan separarlo de lo no esencial; a que logren establecer nexos y relaciones entre el saber adquirido, entrelazar los hechos y encontrar un lugar para ellos en la estructura del saber.

Para distinguir con mayor nitidez los nexos y relaciones lógicas entre los conceptos informáticos, es recomendable que se utilicen diagramas, gráficos, tablas, esquemas u otros medios de enseñanza aprendizaje o recursos didácticos, en función de la visualización y la comprensión (Diseñadores, 2011).

Por su parte, Heidi Villa (2013) expone que para el empleo de estos medios hay que tener en cuenta la participación activa de los estudiantes en la estructuración del sistema de conocimientos. No se trata de la presentación terminada del medio correspondiente, el verdadero valor didáctico de su utilización se encuentra en su elaboración independiente por los estudiantes o en el trabajo conjunto con el profesor.

Las actividades encaminadas a la sistematización de conceptos logran su propósito, si estos quedan organizados en la mente de los estudiantes en dependencia de las propiedades o características consideradas esenciales para establecer los nexos entre ellos; si cada concepto ha encontrado su lugar en la estructura del saber, creando condiciones para la fijación de un saber más sólido, el desarrollo de habilidades más generalizadas y para alcanzar mejores resultados en la aplicación de los conocimientos.

Por otra parte, el profesor debe lograr que en el proceso de sistematización de los contenidos, los estudiantes logren apropiarse de los mismos de la manera más eficiente posible, para lo cual puede valerse de los siguientes pasos:

- Organización del grupo o equipo que va a sistematizar.
- Delimitación de la sistematización.

- Definir los objetivos de la sistematización.
- Diseñar los instrumentos de registros de información y definir las fuentes documentales de consulta.
- Registrar, seleccionar, ordenar y procesar la información relevante. Reconstrucción y aprendizaje de los contenidos en la práctica educativa.
- Interpretar, analizar y problematizar la información.
- Elaboración de informe.
- Difusión y socialización de los resultados de la sistematización.

La propia autora citada explica que para lograr estos objetivos el profesor debe, con antelación al desarrollo de la actividad docente, garantizar las condiciones necesarias para que esta fluya de manera favorable al proceso de enseñanza aprendizaje, para lo cual debe:

- Orientar metodológicamente todo el proceso de sistematización.
- Garantizar los recursos necesarios.
- Diseñar el plan, los instrumentos y herramientas de la sistematización.
- Sensibilizar a los estudiantes.

A partir de las consideraciones de un colectivo de autores[3], se brinda la siguiente alternativa para la sistematización de conceptos informáticos:

Determinación del problema: desarrollar un proceso de recolección de información acerca del transcurso del aprendizaje del concepto X por los escolares de Secundaria Básica (SB). Se aplican procedimientos que permitan indagar acerca de ese proceso de aprendizaje. Si se detecta que los principales problemas de aprendizaje de ese concepto están dados por insuficiencias en su definición, entonces se determina el eje de sistematización que se consigna en el paso 2.

1. Orientar el proceso de sistematización:

Objeto de sistematización: concepto X

Objetivo de sistematización: caracterizar al concepto X de acuerdo al contexto de aplicación y al desarrollo de sus usuarios.

---

[3] Colectivo de autores (2007). Alternativas para la sistematización de la actividad científica.

Eje de sistematización: definición de los rasgos esenciales del concepto X que será empleado por estudiantes de SB (depende fundamentalmente de los resultados del proceso de diagnóstico).

2. Proceso de sistematización de conceptos:

✓ Análisis de la definición del concepto X que se ha empleado hasta ese momento en la SB, se tendrán en cuenta sus rasgos esenciales y su correspondencia con el nivel y desarrollo de los estudiantes a los cuales va dirigido.

✓ Valoración de definiciones dadas por diferentes autores, para descubrir los rasgos necesarios y suficientes que cada uno declara y escoger la que considera más completa o reelaborar la misma.

✓ Delimitación de los métodos a utilizar para desarrollar el trabajo (análisis histórico- lógico, análisis y síntesis, modelación, revisión de documentos, etc.).

✓ Definición de los indicadores de esencia, se tendrán en cuenta los rasgos del concepto X que deben aplicar los estudiantes de ese nivel dentro de la asignatura donde se estudia y en sus relaciones interdisciplinarias, conformando la caracterización que se aporte del concepto X.

✓ Revisión teórica sobre la formación de conceptos y la elaboración de definiciones, incluyendo teoría de lógica formal y dialéctica así como el estudio de los escolares que van a realizar el aprendizaje del concepto

Este análisis acerca de la sistematización de los conceptos informáticos permite al autor de la presente investigación, valorar qué componente del proceso de enseñanza aprendizaje de la Unidad 1: Adentrándonos al mundo de las TIC, del Programa de Informática de 7mo grado, es necesario modificar para lograr la sistematización de los conceptos que se abordan en el estudio de la citada Unidad, para lo cual se propone la elaboración de una Webquest, como componente mediador de ese proceso.


### 1.3. Los medios de enseñanza informáticos.

De acuerdo a lo planteado por González (1988), en el proceso de enseñanza aprendizaje los medios constituyen un factor clave dentro del proceso didáctico. Ellos favorecen que la comunicación bidireccional que existe entre los protagonistas pueda establecerse de manera más afectiva.

Según el citado autor, los medios de enseñanza, desde hace muchos años, han servido de apoyo para aumentar la efectividad del trabajo del profesor, sin llegar a sustituir la función educativa y humana del maestro, así como para racionalizar la carga de trabajo de los estudiantes y el tiempo necesario para su formación científica, y para elevar la motivación hacia la enseñanza y el aprendizaje. Hay que tener en cuenta la influencia que ejercen los medios en la formación de la personalidad de los estudiantes. Los medios reducen el tiempo dedicado al aprendizaje porque objetivan la enseñanza y activan las funciones intelectuales para la adquisición del conocimiento, además, garantizan la asimilación de lo esencial.

Para la realización de la presente investigación, el autor ha consultado diferentes conceptos relacionados con los medios de enseñanza, asumiendo la definición dada por Vicente González Castro (1988), quien plantea que: *"Medios de Enseñanza son todos los componentes del proceso docente-educativo que actúan como soporte material de los métodos (instructivos y educativos) con el propósito de lograr los objetivos planteados."*

En la Pedagogía el papel de los medios de enseñanza va más allá de facilitar la adquisición de conceptos por parte de los educandos, su objetivo fundamental es la formación multilateral y armónica del individuo mediante la conjunción integral de una educación intelectual, científico-técnica, político ideológica, etc., teniendo los medios de enseñanza la función de contribuir al desarrollo de convicciones científicas, ideológicas y éticas.

El uso de los medios de enseñanza es fundamental pues contribuye a la asimilación de los contenidos, ya que mediante esta vía los estudiantes adquieren los conocimientos requeridos con una mayor facilidad debido a que las clases se desarrollan de una forma más amena.

Según las consideraciones de González V. (1988), entre las funciones de los medios de enseñanza en el proceso docente educativo se encuentran:

- Revelar la importancia y la forma de empleo de los conocimientos científicos en la vida diaria, así como sus implicaciones dentro de la economía nacional

- Comunicar a los estudiantes los nuevos conocimientos, formando en ellos una concepción materialista del mundo y sus normas de comportamiento.

Considerando lo antes planteado se pueden señalar las características que definen a un medio de enseñanza:

- ✓ Recurso instruccional y/o educativo.
- ✓ Experiencia mediadora y/o directa de la realidad.
- ✓ Organización de la instrucción y la educación.
- ✓ Equipamiento técnico.

Acerca de ello, se afirma que los medios de enseñanza se deben utilizar para optimizar las condiciones de trabajo de profesores y estudiantes; por ello, la generalización del uso de la informática y de los medios de enseñanza permite el perfeccionamiento de la educación, acelera el proceso cognoscitivo y desarrolla, en gran medida, las capacidades intelectuales. Además, posibilitan el auto estudio desarrollando el aprendizaje y estimulando la actividad creadora de los estudiantes.

Igualmente González V. (1996) revela que el empleo de los medios de enseñanza a través de la computadora permite:

- ✓ La interactividad con los estudiantes, la retroalimentación y evaluación de los conocimientos obtenidos.
- ✓ Incidir en el desarrollo de las habilidades a través de la ejercitación.
- ✓ Las representaciones animadas y la simulación de procesos complejos.
- ✓ Reducir el tiempo que dispone para impartir gran cantidad de conocimientos un trabajo diferenciado, introduciendo al estudiante en el trabajo con los medios computarizados.

Otros de los estudios realizados por el autor de la presente investigación, se relaciona con la clasificación de los medios de enseñanza, acerca de lo cual asume la ofrecida por Chou (2009), dada su agrupación generalizada:

1. Medios de enseñanza Tradicionales: pizarras, fotografías, maquetas, modelos, láminas, mapas, murales, franelógrafos o pizarras magnéticas, discos, cintas magnetofónicas, la radio, el cine, diapositivas y filminas, retro transparencias, etc. Se incluyen los materiales impresos como es el libro de texto.
2. Medios de enseñanza Audiovisuales contemporáneos: televisión educativa, vídeo

educativo e Informática Educativa, como integrantes de las conocidas TIC, denominadas Tecnologías Educativas en el contexto educacional, y representadas por las teleclases, video clases y software educativos, respectivamente.

Por su parte Sotero (2001) revela como particularmente los medios audiovisuales, por ser un conjunto de técnicas visuales y auditivas que apoyan la enseñanza, facilitan una mayor y más rápida comprensión e interpretación de las ideas, constituyen materiales didácticos que auxilian la labor de instrucción y sirven para facilitar la comprensión de conceptos durante el proceso de enseñanza aprendizaje. Entre los medios de enseñanza audiovisuales se encuentran el Cine, la Televisión Educativa, el Vídeo Educativo y la Informática Educativa.

El uso de la computadora en la escuela se realiza a partir de tres funciones principales que son:

- La computadora como objeto de estudio.
- Como herramienta de trabajo.
- Como medio de enseñanza.

El citado autor comunica como en el 7mo grado, la computadora como objeto de estudio es utilizada por los estudiantes para aumentar sus conocimientos no sólo en las clases de Informática, sino aprendiendo nuevos sistemas de aplicación, y elaboradores de presentaciones electrónicas; como herramienta de trabajo, la emplean los estudiantes y profesores para confeccionar diferentes documentos y software para sus clases y como medio de enseñanza, se ponen de manifiesto dos líneas de trabajo fundamentales:

- La computadora como el medio que brinda información visual y/o sonora durante una clase, como apoyo al trabajo del profesor.
- La computadora como el soporte de una rica y variada colección de software educativos y de información digitalizada a la que el estudiante accede por medio de la máquina y que contribuye al desarrollo de sus conocimientos y habilidades.

Los presupuestos analizados revelan que los medios de enseñanza se desarrollan como consecuencia de las necesidades sociales del hombre, y en especial por el carácter científico del aprendizaje y la enseñanza. Ellos deben servir para mejorar las condiciones de trabajo y de vida de los profesores y estudiantes, en ningún momento para deshumanizar la enseñanza. Los medios no pueden sustituir la función educativa y humana del maestro, ya que es él quien dirige, organiza y controla el proceso de enseñanza aprendizaje.

Asimismo, para el proceso de enseñanza aprendizaje de la asignatura Informática, se pueden elaborar diversos software para su empleo como estrategia de aprendizaje, entre los que se encuentra la Webquest, la cual se propone como solución al problema científico que se presenta en esta investigación, relacionado con la sistematización de conceptos informáticos de la Unidad 1: Adentrándonos al mundo de las TIC, en los estudiantes del 7mo grado de la EVA "Olga Alonso".

## 1.4. La Web como componente mediador para la sistematización de conceptos informáticos.

Por su capacidad para integrar el material educativo gráfico, ya sean imágenes fijas o en movimiento, la educación a través de la Web satisface las necesidades de los estudiantes. También satisface las necesidades del aprendiz que necesita más tiempo para asimilar el conocimiento, ya que puede repetir o revisar el recurso educativo cuantas veces lo necesite y así aclarar sus dudas.

En "Introducción a la Informática Educativa", de Rodríguez (2002), se ofrecen cuestiones importantes con relación a este tipo de aplicación, como son los beneficios y desventajas de la Web. Entre los beneficios, este autor cita:

1. Acceso global. Para el Web no existen fronteras y su audiencia puede estar en cualquier parte del mundo.

2. Infinidad de temas. Cualquier usuario puede colocar o consultar cualquier información disponible.

3. Acceso permanente. La información se encuentra disponible las 24 horas del día.

4. Multiplataforma. El acceso a la información puede realizarse desde PC, Mac y desde cualquier sistema operativo, en gran medida.

5. Promueve la relación hombre-hombre. Promueve el trabajo cooperativo e intercambio de experiencias en los usuarios con el auxilio de otros servicios como el chat, e-mail, fórum de discusión, etc.

6. Actualización instantánea. Debido a la propia arquitectura de la Web es posible actualizar un sitio y de manera instantánea le llega a los usuarios los cambios realizados.

Pero según Rodríguez (2002), muchas de las ventajas enumeradas anteriormente se convierten en sus principales limitantes y cita entre estas desventajas:

1. Caos informativo. Por su naturaleza dinámica, distribuida, de publicación libre y no jerárquica, la facilidad de establecer enlaces y navegar resulta muy fácil perderse en el Web mientras se busca información, o quedar totalmente desorientado ante una avalancha de información imposible de procesar en su totalidad.

2. Lectura fatigosa. Sin dudas no es cómodo leer en el monitor, ni tampoco es rentable imprimir todo lo que se puede encontrar sobre una determinada temática en Internet.

3. Limitaciones de conectividad. Para lograr los mejores resultados es necesario costosas conexiones de un amplio ancho de banda.

4. Inseguridad. Existencia de virus informáticos y hacker al asecho capaces de destruir todo un sistema en un abrir y cerrar de ojos.

En el mencionado trabajo Rodríguez (2002) alude, además, otras consideraciones que también hay que tener en cuenta para lograr una aplicación Web con éxito. Recomienda crear páginas Web no excesivamente largas, legibles, con los enlaces visitados claramente diferenciados, destacar la información más relevante, no abusar de las animaciones, ni de los restantes recursos multimedia y priorizar el uso de tablas y colores antes de la inserción de imágenes para lograr el ambiente visual deseado.

Advierte además que en un ambiente de sobreinformación, como es la Web por excelencia, todo producto audiovisual debe estar dotado de un plan para evitar el abandono del usuario en los primeros momentos. A este plan es lo que denominamos ambientación, la cual se puede manifestar:

1. Como estímulo visual, en la potencia visual del sitio que se traduce en calidad y originalidad del diseño gráfico, calidad en las imágenes, animaciones,

dinamismo, ritmo, armonía, y todo tipo de recursos que formen un entorno de estímulos que enganchen al usuario.

2. Heredada, en las características mediáticas fuertes de los contenidos del sitio, por ejemplo una marca conocida, un personaje famoso, etc.

3. Simplicidad y facilidad de uso: A partir de que el contenido ya es atractivo por si para los usuarios se apuesta por una ambientación que denote facilidad de uso.

4. Como proceso interactivo, en la sensación de control que el usuario ejerce sobre algo mecánico que responde a sus órdenes.

5. Como proceso contra reloj, lograr que la interacción reporte una sensación de satisfacción en un período corto de tiempo.

Teniendo en cuenta los fundamentos teóricos abordados anteriormente, se determina, primeramente, la necesidad de diagnosticar la realidad pedagógica de los estudiantes de 7mo grado de la EVA "Olga Alonso", relacionada con el tratamiento de conceptos de la Unidad 1: Adentrándonos al mundo de las TIC, del Programa de la asignatura Informática para Secundaria Básica y, posteriormente, investigar qué estrategia de aprendizaje puede solucionar el problema científico que se presenta.


## 2. Fundamentación y presentación de la propuesta de solución.

Este epígrafe acomete el diagnóstico para la determinación de las necesidades de los estudiantes del 7mo grado de la EVA "Olga Alonso", relacionadas con el tratamiento de conceptos en la asignatura Informática, particularizado en la Unidad 1: Adentrándonos al mundo de las TIC y la propuesta de solución para contribuir a la sistematización de esos conceptos informáticos en el tiempo de máquina del laboratorio de Computación.


### 2.1. Diagnóstico y/o determinación de las necesidades.

Empleando el análisis de documentos (anexo #1), como método empírico, se analiza en la etapa de exploración y diagnóstico el Programa de Informática de la Educación Primaria, el software educativo "Informática Básica" y el Programa de Informática de 7mo grado.

Del análisis del Programa de Informática de la Educación Primaria se deriva que los estudiantes deben arribar al nivel medio con habilidades para:

- Operar manualmente el teclado.

- Recuperar (cargar) y almacenar (salvar) informaciones (ficheros).

- Transformar o manipular informaciones textuales, gráficas o numéricas.

Estas habilidades llevan implícitas la aplicación elemental de conceptos tales como: carpeta, archivo, sistema operativo, hardware y software, entre otros. Por su parte en el Programa de Informática Básica del 7mo grado, el cual se analiza con el objetivo de: precisar objetivos y contenidos del grado a fin de hacer corresponder la propuesta de solución con los mismos.

Por su parte, del análisis del Programa de Informática de 7mo grado se agrupan, como contenidos objeto de estudio, los siguientes:

Sistema informático. Las TIC, Sistema Operativos, Sistema Informático, Software Educativo, Hipermedia, Multimedia, Hipertexto, Virus, Antivirus y Redes Informáticas. Se sistematizan además conceptos relacionados con el Sistema Operativo Windows tales como archivo, carpeta y los recursos de Windows para la búsqueda de la información. Se retoman elementos sobre la gestión de la información digital al operar con archivos y carpetas y se tratan como nuevos contenidos lo relacionado con la ética informática, la aplicación de los conocimientos informáticos, los virus informáticos, sus efectos destructivos y los programas antivirus.

Como parte de la labor de exploración y diagnóstico se analiza el software educativo *"Informática Básica"* de la Colección El Navegante correspondiente a la Secundaria Básica con el objetivo de establecer la correspondencia de los contenidos programados por la asignatura en el grado con las opciones del hiperentorno de aprendizaje de este medio de enseñanza, resultando de este análisis la constatación de carencias importantes en el citado software, fundamentalmente por la desactualización y la insuficiencia de los contenidos que aborda, lo cual lo inhabilita para la sistematización de conceptos informáticos y la elaboración de procedimientos como formas regulares de la enseñanza de la Informática.

Al analizar estos tres documentos se determinan, como regularidades, la superficialidad y desactualización de los contenidos a impartir y se percibe que el proceso de enseñanza aprendizaje de la Informática está afectado desde su orientación básica general hasta su planificación por el profesor que imparte la asignatura, por una desmedida teorización, la cual tiende a confundir a los estudiantes por su grado de abstracción. Todo ello conduce a la necesidad de crear un medio de enseñanza que tenga la función de eliminar estas carencias.

La observación (inicial): se aplica como método fundamental para constatar la formación y sistematización de conceptos alcanzado por los estudiantes, se observan un total de 6 clases de Informática, valorando los indicadores establecidos según la guía que aparece en el anexo 2 y analizados los resultados en el anexo 3, obteniéndose lo siguiente:

✓ En el primer indicador, 18 estudiantes (40.9%) muestran un mal dominio de los conceptos básicos: (hardware, software, sistema operativo, virus informático, multimedia, software educativo, tic, carpeta)

✓ En el indicador relacionado con el nivel de independencia que logran los estudiantes en la aplicación de conceptos informáticos, 45,5 de ellos (20%) son evaluados de mal, ya que en las clases observadas los niveles de ayuda a brindar por el profesor son excesivamente frecuentes.

✓ En cuanto al nivel de creatividad que alcanzan los estudiantes para aplicar los conceptos informáticos, 22 de ellos (50%) son evaluados de mal.

Estos resultados constatan la insuficiente identificación de los estudiantes con el software del que dispone la asignatura, la clase se centra en la palabra del profesor por lo que se limita el aprendizaje del estudiante, la realización de las tareas docentes depende en gran medida de las notas que dicta el profesor y se le orienta la realización de las actividades para el tiempo de máquina operando con el software de manera pasiva.

La encuesta (anexo #4), es aplicada a los 44 estudiantes del 7mo grado, con el objetivo de conocer el grado de motivación que ellos poseen por la asignatura Informática y las principales dificultades que enfrentan para su desarrollo, lo cual arrojó que:

En la interrogante 1, acerca de si consideran importante el estudio de la asignatura, el 100% de los estudiantes que realizaron la encuesta responden afirmativamente, manifestando en la justificación, de forma general, que es de vital importancia para su preparación no solo como estudiantes, sino como futuros profesionales, lo cual apunta a la necesidad de que se perfeccione y profundicen los contenidos que se imparten en la asignatura.

Sobre la pregunta 2, relacionada con la suficiencia de los contenidos de los textos empleados en clase, el 90% de los estudiantes considera que los materiales son insuficientes, notándose como regularidad en sus respuestas que los textos empleados están desactualizados y que son poco abarcadores sobre los temas que abordan.

En cuanto a la interrogante 3, referida al empleo por parte del profesor de bibliografías para apoyar su exposición, el 30% de los encuestados se pronuncian negativamente.

La entrevista (anexo #5) se realiza a los 4 profesores que imparten clases de informática en el 7mo grado de la EVA "Olga Alonso", con el objetivo de constatar los problemas y necesidades que presentan los estudiantes en su preparación previa para la clase en la asignatura Informática, obteniéndose:

En la primera pregunta, relacionada con la suficiencia de las bibliografías empleadas en clases, el 100% responde que la misma aborda los contenidos con poca profundidad, lo cual limita su preparación.

En cuanto al empleo de la bibliografía existente para sus clases, el 50% afirma que solo la emplea a veces, encontrándose como regularidad en sus respuestas que el motivo parte de la desactualización y la poca profundidad de las mismas.

En el caso del desarrollo de los contenidos en la clase, el 100% de los profesores opinan que es muy necesaria la elaboración de un material de estudio, que supla la desactualización de la bibliografía básica de la asignatura y que abarquen aún más los contenidos a trabajar en la unidad.

En relación con los contenidos que los profesores sugieren debe incluirse en dicho material de estudio, se mencionan los siguientes aspectos:

- Contenidos obtenidos mediante Internet o textos de reciente edición.
- Actividades que los estudiantes puedan realizar en clases.

Otra técnica aplicada fue la prueba pedagógica (inicial) (anexo #6), la cual se realiza con el objetivo de constatar el nivel de conocimientos que poseen los estudiantes sobre los contenidos de la Unidad 1: Adentrándonos en el mundo de las TIC y se analizan los resultados (anexo #7), los cuales se corresponden con el estado inicial del problema objeto de investigación.

Para evaluar el nivel de conocimiento de los estudiantes en la prueba inicial se hace necesario elaborar una escala cualitativa de Bien (B) si responde correctamente los cinco elementos del conocimiento de las TIC, si responde correctamente de tres a cuatro se evalúa de Regular (R) y se evalúa de Mal (M) si la respuesta es de dos o menos elementos.

Respecto a la primera interrogante, sobre los Sistemas Operativos, logran definir Bien los Sistemas Operativos y explicar sus funciones 8 estudiantes (18.1%), de manera Regular responden 10 (22.7%) y 26 (59%) responden Mal.

En relación con la definición y clasificación de las TIC, solo 17 estudiantes (38,6%) logran responder Bien, por su parte 8 (18.1%) lo hacen de forma Regular, mientras que 19 estudiantes (43.1%) responden Mal.

Fueron capaces de identificar los conceptos de Multimedia, Hipermedia e Hipertexto solamente 13 estudiantes (29.5%), 10 (22.7%) expresan de forma Regular, mientras que 21 (47.7%) responden Mal.

En la cuarta interrogante solo 10 estudiantes (22.7%) definen y clasifican Bien los Sistemas Informáticos y los Softwares Educativos, no así 18 estudiantes para un 40.9% que responden Mal, mientras que los restantes, 16 (36.4%) responden de forma Regular.

En la quinta pregunta logran definir y poner ejemplos Bien, en relación con los virus y antivirus 9 estudiantes para un 20.5%, mientras que 21 (47.7%) vierten respuestas inadecuadas, es decir, Mal, en tanto 14 (31.8%) alcanzan a responder las preguntas de manera Regular.

A partir de los datos obtenidos durante el diagnóstico de necesidades y la constatación del estado actual del problema de investigación, se establece la existencia de carencias que propician una inadecuada preparación de los estudiantes, así como un desarrollo desfavorable del proceso de enseñanza aprendizaje en la asignatura de Informática que se imparte en el 7mo grado de la EVA "Olga Alonso", referente a la Unidad 1: Adentrándonos al mundo de las TIC.

### 2.1.1. Regularidades de la determinación de necesidades.

El análisis de los resultados de los diferentes instrumentos aplicados permite determinar las siguientes regularidades:

- Los estudiantes de 7mo grado de la EVA "Olga Alonso" poseen deficiencias en la sistematización de los conceptos informáticos, referentes a la Unidad 1 del programa de Informática.
- Resulta insuficiente la preparación del estudiante a partir de los medios existentes en la institución (software educativo), para la apropiación de los conocimientos informáticos.
- Los estudiantes cuentan con un horario asignado para el tiempo de máquina pero no se planifica el empleo de medios de enseñanzas en ese horario.
- Los docentes y estudiantes reconocen la importancia de la utilización de medios digitales para el aprendizaje de los contenidos informáticos.

## 2.2. Fundamentación y presentación de la propuesta de solución.

Díaz-Barriga y Hernández (2002) definen las estrategias de aprendizaje en términos de procedimientos e instrumentos empleados en forma consciente, controlada e intencional para aprender en forma significativa.

Al respecto Brandt (1998) las define como, "*Las estrategias metodológicas, técnicas de aprendizaje y recursos varían de acuerdo con los objetivos y contenidos del estudio y aprendizaje de la formación previa de los participantes, posibilidades, capacidades y limitaciones personales de cada quien*".

Es relevante mencionar que las estrategias de aprendizaje son conjuntamente con los contenidos, objetivos y la evaluación, componentes fundamentales del proceso de aprendizaje, son las encargadas de establecer lo que se necesita para resolver bien la tarea del estudio, determina las técnicas más adecuadas a utilizar, controla su aplicación y toma decisiones posteriores en función de los resultados.

Es aquí donde entra a jugar un papel preponderante el aprendizaje colaborativo a través de la red como una estrategia de aprendizaje muy singular: la Webquest.

La Webquest es la aplicación de una estrategia de aprendizaje por descubrimiento, guiado a un proceso de trabajo, desarrollado por los estudiantes utilizando los recursos de la World Wide Web (WWW).

Webquest significa indagación, investigación a través de la web. Originariamente fue formulado a mediados de los años noventa por Dodge (1995) (Universidad de San Diego) y desarrollado por March (1998).

Una Webquest consiste, básicamente, en presentarle al estudiante un problema, una guía del proceso de trabajo y un conjunto de recursos preestablecidos accesibles a través de la WWW. Dicho trabajo se aborda en pequeño grupo y deben elaborar un trabajo (que puede ser en formato digital) utilizando los recursos ofrecidos de Internet.

Como indica Adell (2002) una Webquest es una actividad didáctica atractiva para los estudiantes que les permite desarrollar un proceso de pensamiento de alto nivel.

Rodríguez García (s.f.) citado por Barbosa (2010) define la Webquest del siguiente modo: "… *es un modelo de aprendizaje extremamente simple y rico para propiciar el uso educativo de Internet, basado en el aprendizaje cooperativo y en procesos de investigación para aprender.*"

Una Webquest es una actividad enfocada a la investigación, en la que la información usada por los estudiantes es, en su mayor parte, descargada de Internet. Básicamente es una exploración dirigida, que culmina con la producción de una página Web, donde se publica el resultado de una investigación.

Webquest es una metodología de aprendizaje basada fundamentalmente en los recursos que nos proporciona Internet que incitan a los estudiantes a investigar, potencian el pensamiento crítico, la creatividad y la toma de decisiones, contribuyendo a desarrollar diferentes capacidades en los estudiantes llevándolos a transformar los conocimientos adquiridos.

Hemos de indicar que existen dos grandes tipos de Webquest: en función de su destinatario (Webquest para el alumnado frente Webquest para el profesorado), y en función de su amplitud o duración (Webquest que duran una o varias semanas frente a miniquest (de duración de una o dos clases).

Una Webquest, según T. March (1998), *se compone de seis partes esenciales: Introducción, Tarea, Proceso, Recursos, Evaluación y Conclusión*"

La Introducción ofrece a los estudiantes la información y orientaciones necesarias sobre el tema o problema sobre el que tiene que trabajar. La meta de la introducción es hacer la actividad atractiva y divertida para los estudiantes de tal manera que los motive y mantenga este interés a lo largo de la actividad. Los proyectos deben referirse a los estudiantes haciendo que los temas sean atractivos, visualmente interesantes, parezcan relevantes para ellos debido a sus experiencias pasadas o metas futuras, importantes por sus implicaciones globales, urgentes porque necesitan una pronta solución o divertidos, ya que ellos pueden desempeñar un papel o realizar algo.

La Tarea es una descripción formal de algo realizable e interesante que los estudiantes deben llevar a cabo al final de la Webquest. Esto podría ser un producto tal como una presentación multimedia, una exposición verbal, una grabación de video, construir una página Web o realizar una obra de teatro. Una Webquest exitosa se puede utilizar varias veces, bien en clases diferentes o en diferentes años escolares. Cada vez la actividad puede ser modificada o redefinida y se puede desafiar a los estudiantes para que propongan algo que vaya más lejos, de tal manera, que sea más profunda que las anteriores.

La tarea es la parte más importante de una Webquest y existen muchas maneras de asignarla. Para ello puede verse la taxonomías de tareas (Dodge, 2004) en la que se describen los 12 tipos de tareas más comunes y se sugieren algunas formas para optimizar su utilización. Las mismas son las siguientes: Tareas de repetición, de compilación, de misterio, periodísticas, de diseño, de construcción de consenso, de persuasión, de autorreconocimiento, de producción creativa, analítica, de juicio y científica.

El Proceso describe los pasos que el estudiante debe seguir para llevar a cabo la Tarea, con los enlaces incluidos en cada paso. Esto puede contemplar estrategias para dividir las Tareas en Subtareas y describir los papeles a ser representados o las perspectivas que debe tomar cada estudiante. La descripción del proceso debe ser relativamente corta y clara.

Los <u>Recursos</u> consisten en una lista de sitios Web que el profesor ha localizado para ayudarle al estudiante a completar la tarea. Estos son seleccionados previamente para que el estudiante pueda enfocar su atención en el tema en lugar de navegar a la deriva. No necesariamente todos los Recursos deben estar en Internet y la mayoría de las Webquest más recientes incluyen los Recursos en la sección correspondiente al Proceso. Con frecuencia, tiene sentido dividir el listado de Recursos para que algunos sean examinados por todo el grupo, mientras que otros Recursos corresponden a los subgrupos de estudiantes que representarán un papel específico o tomarán una perspectiva en particular. Algunos modelos para realizar Webquests proponen en este punto la dirección o guía que el docente pueda brindar a sus estudiantes para explicarles la forma de administrar su tiempo a lo largo del desarrollo de la Tarea. Mediante la construcción de ayudas visuales como Mapas Conceptuales o diagramas que sirvan como guía, se muestra al estudiante la forma de conducir la realización de la tarea.

La <u>Evaluación</u> es añadida en el modelo de las Webquests. Los criterios evaluativos deben ser precisos, claros, consistentes y específicos para el conjunto de Tareas. Una forma de evaluar el trabajo de los estudiantes es mediante una plantilla de evaluación. Este se puede construir tomando como base el "Boceto para evaluar Webquests" de Dodge (2004) que permite a los profesores calificar una Webquest determinada y ofrece retroalimentación específica y formativa a quien la diseñó. Muchas de las teorías sobre valoración, estándares y constructivismo se aplican a las Webquests: metas claras, valoración acorde con Tareas específicas e involucrar a los estudiantes en el proceso de evaluación.

La Conclusión resume la experiencia y estimula la reflexión acerca del proceso de tal manera que extienda y generalice lo aprendido. Con esta actividad se pretende que el profesor anime a los estudiantes para que sugieran algunas formas diferentes de hacer las cosas con el fin de mejorar la actividad.

La interrelación de los componentes de una Webquest puede esquematizarse de la siguiente manera:

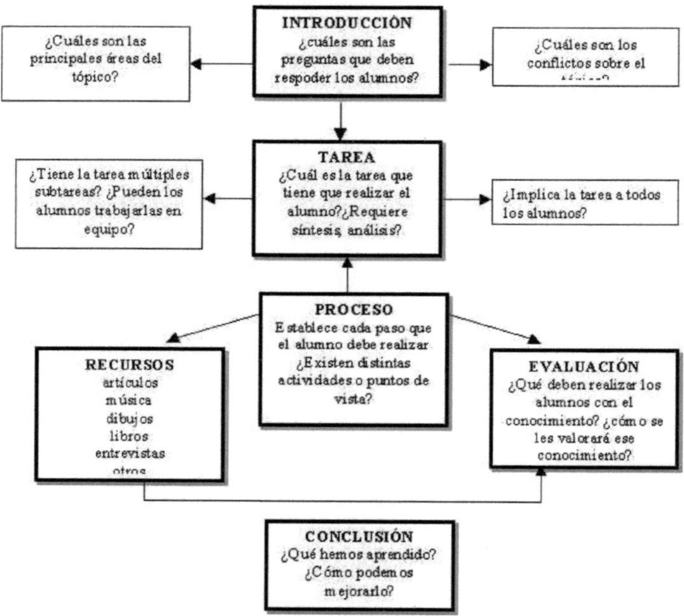



La realización de una Webquest consiste básicamente en que el profesor identifica y plantea un tópico/problema y a partir de ahí crea una web en la que presenta la tarea a los estudiantes, le describe los pasos o actividades que tienen que realizar, les proporciona los recursos en línea necesarios para que los estudiantes por sí mismos desarrollen ese tópico, así como los criterios con los que serán evaluados.

El proceso de elaboración de una Webquest consta de cinco pasos: seleccionar un tópico, tema o problema que tenga interés para los estudiantes. A partir de ahí analizar dicho problema y descomponerlo en partes que constituirán el modelo de diseño. En tercer lugar se establecerá las características del producto final que se espera realicen los estudiantes y los criterios de evaluación del mismo. Seguido a ello se debe desarrollar la Webquest con sus recursos en línea. Y finalmente revisar que todos los enlaces funcionan y que dicho diseño es comprensible por los estudiantes.

Quizás lo más interesante de este modelo o estrategia es que el profesor puede asumir la generación de materiales de aprendizaje destinados a sus estudiantes utilizando la información y servicios disponibles en Internet o Intranet. Las Webquest no requieren la utilización de software complejo ni especializado de creación de programas multimedia.

Para que un docente o grupo de profesores estén en condiciones de crear una Webquest necesita simplemente tener los siguientes conocimientos y habilidades: saber navegar por la WWW, manejar adecuadamente los motores de búsqueda de información, dominar el contenido o materia que se enseña, y conocimientos básicos del diseño HTML (HyperText Markup Langage) para la creación de documentos hipertextuales.

### 2.2.1. Confección de la Webquest que se propone.

Para la confección de la Webquest se tuvo en cuenta:

Prediseño: Se tienen en cuenta los objetivos básicos para la confección de una Webquest, siendo formal, coherente y homogéneo. Manteniendo una apariencia visual siguiendo la línea colorida y llamativa, como son iconos, imágenes, etc. Los cuales recrean la vista del usuario de un modo atractivo y uniforme.

Construcción: La Webquest es creada en Web Page Maker, el cual es muy fácil de emplear y conveniente para un visualizador Web. También se emplea el programa Macromedia 8 Dreamweaver para la programación HTML, enlaces y posición de los diferentes elementos creados. Por su parte son empleados los programas EDILIM y Exe - learning para crear las actividades interactivas.

Funcionabilidad: La propuesta ofrece un correcto funcionamiento de los hipervínculos, los componentes de las Páginas Web y los servicios de navegación a través de la Webquest.

**Etapas de creación de la Webquest:**

Etapa de planificación: se definen los objetivos la Webquest a quien va dirigido, los aspectos que se incluirán, la consulta y recopilación de información, así como el aspecto, colorido y textos necesarios que tendrá la propuesta.

Etapa de ejecución y prueba: se desarrollan y concluyen las ideas de la anterior etapa. Luego de terminado la Webquest se verifica su funcionamiento en la fase de prueba.

Etapa de publicación: momento en que ya está disponible la Webquest para publicarla.

**Estructura de la Webquest**

La estructura de la Webquest (anexo #8) expresa las interrelaciones que permiten que los usuarios naveguen sin dificultad, en cada pantalla de la Webquest se busca cumplir con la claridad, sencillez, consistencia, estética y creatividad deseada para lograr el objetivo trazado.

Su diseño cuenta de botones, textos, imágenes e hipertextos para vincular las páginas entre sí, como se describe más detallado a continuación:

Los botones utilizados son:

- Principal: es donde se les presenta a los estudiantes la Webquest.

- Introducción: es la pantalla principal, donde se le ofrece a los estudiantes la información y orientaciones necesarias sobre el tema o problema sobre el que tiene que trabajar.

- Tarea: es donde se presenta un listado numerado de preguntas que hay que contestar. Según la edad de los estudiantes pueden ser: preguntas directas o preguntas que impliquen actividades más complejas.

- Recursos: consisten en una lista de sitios Web que el profesor ha localizado para ayudar al estudiante a responder a las preguntas o realizar las actividades.

- Proceso: se describen los pasos que el estudiante debe seguir para llevar a cabo la Tarea, con los enlaces incluidos en cada paso.

- Evaluación: se trata de hacer una descripción clara de qué y cómo se evaluará lo aprendido. La manera más sencilla de evaluar es en función del producto, es decir, de la cantidad y calidad de los aciertos de los estudiantes. También se brindan una serie de actividades interactivas, para que resuelvan en clase.

- Conclusiones: se resume la experiencia y estimula la reflexión. Con esta actividad se pretende que el profesor anime a los estudiantes para que sugieran algunas formas diferentes de solucionar las problemáticas que se plantean con el fin de mejorar el proceso de enseñanza aprendizaje.

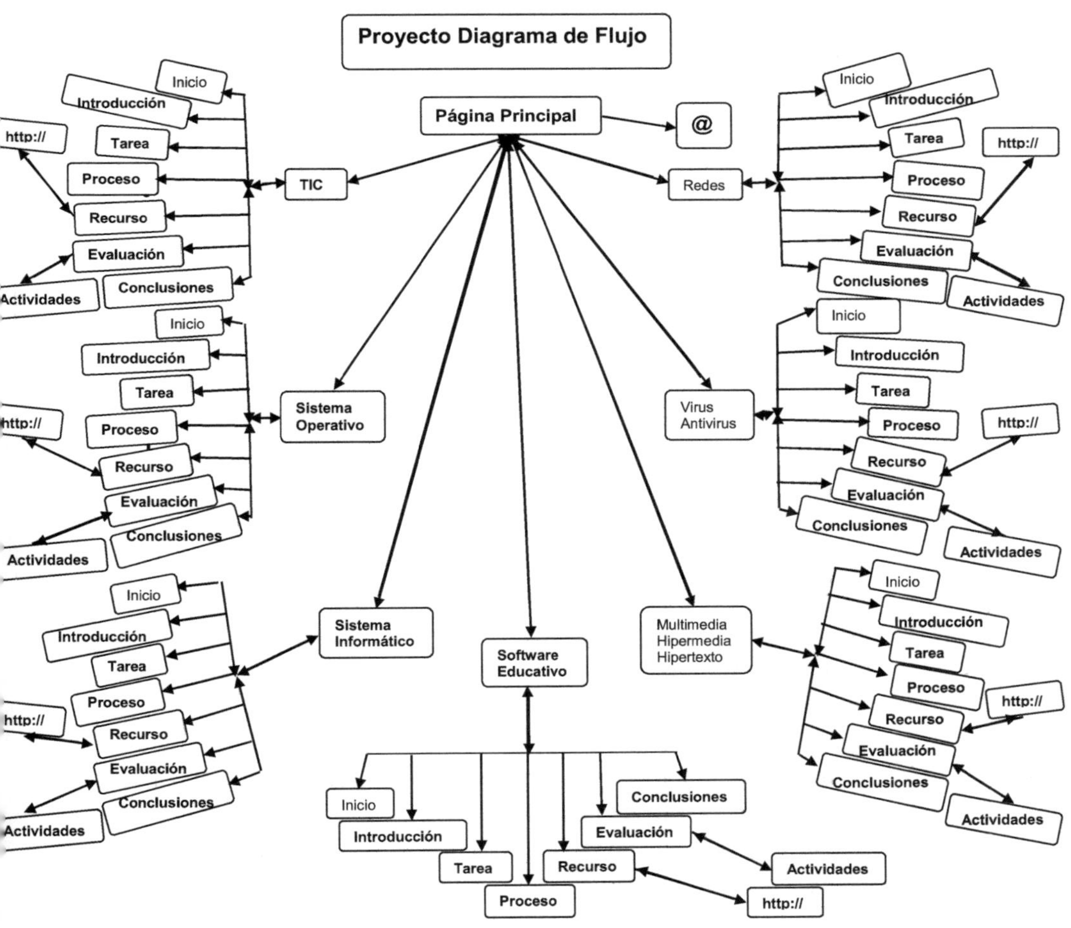


36

**2.3. Valoración de la propuesta a partir del Criterio de especialistas.**

La valoración de la Webquest se apoya en la aplicación del método de criterio de especialista.

Se entrevistan a 12 profesionales en la materia que aborda la investigación, de ellos 6 son profesores de Informática tomando como criterio que los mismos impartieran la asignatura por más de 10 años, los restantes 6 especialistas entrevistados, fueron elegidos tomando como criterio que los mismos desarrollan software educativos, con más de 5 años de experiencia.

De los 6 profesores, 2 ostentan la categoría científica de Máster en Ciencias de la Educación, los restantes 4 son graduados de Licenciado en Informática.

Entre los 6 especialistas, 1 ostenta la categoría científica de Máster en Ciencias de la Educación, 2 son graduados de Ingeniería Informática y 3 son graduados de Licenciatura en Educación, en la especialidad de Informática.

A partir de las categorías establecidas para evaluar la calidad y pertinencia de la Webquest elaborada, se les aplica el método de criterio de expertos o especialistas a profesores de Informática (anexo #9) y especialistas en la materia (anexo #10) y se obtienen los siguientes resultados:

**Criterio de los profesores de Informática:**

Atendiendo a la relación objetivo-contenido de la Webquest, 4 profesores la evaluaron de Excelente y los 2 restantes la evaluaron de Bien. En cuanto a la base orientadora que ofrece la misma, 5 profesores coincidieron en calificarla de Excelente y 1 de Muy Buena.

La totalidad de los profesores valora de manera afirmativa la suficiencia de los conocimientos precedentes del estudiante para la realización de las acciones que se plantean.

En cuanto a la contextualización de la Webquest a los objetivos de la Unidad 1, la totalidad de los profesores coinciden en que es Muy Buena.

Asimismo los profesores comparten el criterio de que la Webquest concebida propicia un aprendizaje desarrollador y evalúan en la máxima escala la pertinencia y la calidad de la misma.

**Criterio de los especialistas en informática:**

✓ Identificación y contacto:

Se plantea por parte de la totalidad de estos especialistas que es pertinente la realización de la Webquest, que es posible entrar en contacto con el autor en caso de algunas sugerencias. Además se indica claramente la fecha de creación, aspecto este que es importante para la actualización de los usuarios en cuanto a las materias que se ofrecen en el producto.

✓ Contenidos:

En cuanto a la información que brinda la Webquest, los especialistas coinciden en que es muy pertinente y adecuada. El contenido y los enlaces descritos son catalogados de pertinentes y de gran utilidad por el 100% de los encuestados. Por otra parte, estos especialistas coinciden en que la información brindada está libre de errores gramaticales y ortográficos, mientras exponen que se hace un uso correcto de los textos e imágenes, así como de un lenguaje claro y preciso.

✓ Estructura y diseño:

En cuanto a este aspecto, se plantea que el acceso a la Webquest es rápido, la página principal tiene un diseño desde la cual se observa con claridad la organización de la información y las opciones disponibles. Según los entrevistados, la propuesta tiene un diseño atractivo, además posee una navegación bien estructurada y un adecuado uso de textos y colores. Es opinión común de los especialistas que existe un apropiado complemento entre las imágenes y los textos, que la interacción con la Webquest es de manera fluida, en tanto los juegos interactivos empleados son claros, atractivos y están bien estructurados.

✓ Adecuación al destinatario:

En cuanto a los criterios emanados sobre este aspecto, se coincide en que la propuesta es atinada para el nivel educacional y para los estudiantes a los cuales está dirigida, conduciendo claramente a estos en la navegación a través de la misma, en tanto catalogan de apropiados el lenguaje y conceptos empleados. Plantean que se favorece la motivación a través de los colores, imágenes y textos que se manejan en la Webquest y los juegos interactivos que se emplean también son adecuados. De acuerdo al criterio de estos especialistas se llega a la conclusión que la Webquest es favorable para contribuir al conocimiento de los estudiantes en el grado, teniendo posibilidades reales para ser aplicada en el nivel medio.

Se aprecia, en sentido general, según los entrevistados, la existencia de un material significativo para utilizar en clases, mientras que los procederes metodológicos propuestos para la realización de las actividades se considera acertada, en tanto consideran que existe una fiabilidad conceptual de los contenidos y que se hace una correcta derivación gradual de los objetivos. Se cataloga la propuesta como muy oportuna para la sistematización de conceptos informáticos, así como novedosa y de gran significación para el proceso de enseñanza aprendizaje de la Informática en las escuelas secundarias.

A partir de los resultados obtenidos de esta valoración se pone de manifiesto que la Webquest propuesta cumple con las exigencias para ser implementada en la práctica pedagógica y comprobar así su nivel de efectividad.

### 2.4. Validación de la propuesta de Webquest.

La propuesta fue implementada entre las semanas 1 y 11 del curso escolar 2014-2015, previamente de acuerdo con el profesor de la asignatura durante la impartición de los contenidos correspondientes a la Unidad 1: Adentrándonos al mundo de las TIC.

Para evaluar la efectividad de la Webquest se emplea el pre-experimento como método empírico de investigación, el cual se proyecta en tres fases:

- Constatativa (aplicación del pre-test).
- Formativa (Introducción de la propuesta).
- Control (Aplicación del preprueba y comparación con la posprueba).

Para la realización del experimento es necesario determinar los objetivos a evaluar en el aprendizaje de las TIC:

1. Definir las TIC. Su impacto en las sociedades modernas y clasificación.
2. Definir Sistema Operativo. Surgimiento y clasificación.
3. Reconocer los conceptos de Multimedia, Hipermedia e Hipertextos. Tipos y características.

4. Identificar los Sistemas Informáticos y Software Educativo, así como definir sus conceptos y poner ejemplos.

5. Reconocer los Virus. Definir Antivirus y clasificar.

El experimento en su modalidad de pre – experimento, se introduce en su modalidad de prueba pedagógica para comparar la situación existente en relación con el problema a investigar y después de la aplicación de la Webquest para el aprendizaje de las TIC.

**Análisis de los resultados del prueba pedagógica inicial.**

Durante la investigación se establecen alternativas experimentales dada la imposibilidad de lograr transformaciones absolutas en la propuesta que se introduce, por lo que se demuestra en la presente investigación, cuáles fueron los resultados más importantes que reflejan la factibilidad de la Webquest propuesta.

Como ya se plantea en el epígrafe de diagnóstico y determinación de necesidades en la población investigada, los resultados evidencian que:

Mayoritariamente, los estudiantes poseen dificultades en el aprendizaje de los contenidos relacionados con las TIC, el cual se expresan en el pobre dominio que estos poseen sobre los conceptos abordados y la insuficiente preparación de los contenidos a partir del software "Informática Básica".

Lo anterior determina la necesidad de elaborar Webquests que favorezcan el aprendizaje de las TIC y posteriormente, analizar su evolución con la aplicación de la propuesta.

En la etapa constatativa se aplica una prueba pedagógica, la cual permite constatar el nivel de conocimientos que poseen los estudiantes sobre las TIC y la observación para comprobar el nivel de desempeño cognitivo de los estudiantes de 7mo grado en el aprendizaje de estas, donde se retoman los resultados obtenidos en el diagnóstico y determinación de necesidades.

En la etapa formativa, se trabaja de forma sistemática y gradual con los estudiantes, teniendo en cuenta la dosificación de la Unidad 1 del Programa de Informática y las potencialidades que brinda la Webquest, donde se les demuestra el accionar con la misma, es decir, cómo utilizarlas para aprender, para lograr el mayor acercamiento posible al estado deseado.

Para lograr mayor eficiencia en su aplicación, se tuvo en cuenta que la Webquest resultara motivante por su atractivo, creatividad, novedad y acercamiento del estudiante a la navegación a través de Intranet, en respuesta al diagnóstico del grupo. Una vez lograda la motivación por parte de los estudiantes, se da comienzo a su aplicación en las clases y tiempos de máquinas.

Etapa de control:

Para el control a la calidad de la aplicación de la propuesta y la evaluación en la propia actividad del proceso, se aplica la prueba pedagógica final a los estudiantes (anexo #11) con el objetivo de constatar el dominio que alcanzan los estudiantes sobre los contenidos relacionados con las TIC. En este instrumento se evalúan los mismos objetivos que en la prueba pedagógica inicial, pero aumenta el rigor de cada pregunta para asegurar mayor calidad en lo que se comprueba, esto permite medir de manera más acertada el nivel de los conocimientos alcanzados por los estudiantes en relación a los contenidos citados anteriormente. Los resultados de la aplicación de la prueba pedagógica final se reflejan en el anexo #12.

En la primera pregunta, responden Bien 37 estudiantes (84.1%), brindando una correcta definición y clasificación de las TIC, así como reconociendo su impacto en las sociedades modernas. Solamente 3 estudiantes (6.8%) responden Mal y Regular 4 estudiantes (9.1%.).

Del total de estudiantes, 39 de ellos (88,6%) definen, clasifican y reconocen adecuadamente el año de surgimiento de los Sistemas Operativos, mientras que 3 estudiantes (6.8%) responden Regular y 2 estudiantes (4.5%) responden Mal.

Acerca de la tercera interrogante, 36 estudiantes (81.8%) reconocen Bien los conceptos, tipos y características de las Multimedias, Hipermedias e Hipertextos, mientras que 5 estudiantes (11.4%) responden de manera Regular y 4 estudiantes (9.1%) contestan Mal.

Así mismo en las respuestas de la cuarta interrogante, se obtiene que identifican, definen y logran poner ejemplos acertadamente de los Sistemas Informáticos y Software Educativo 37 estudiantes (84.1%), por su parte 6 estudiantes (13.6%) responden de forma Regular las preguntas y 1 solo estudiante (2.3%) responde Mal.

Al evaluar la pregunta cinco, reconocen Bien los tipos de Virus, definen y clasifican correctamente los Antivirus 40 estudiantes (90.9%), lo hacen Regular 2 estudiantes (4.5%) pero aún 2 estudiantes (4,5%) no reconocen los Virus a partir de sus características fundamentales.

En el análisis de este instrumento se puede apreciar que después de elaborada la propuesta se eleva considerablemente el conocimiento de los contenidos relacionados con las TIC en los estudiantes tomados como población.

Al realizar una comparación entre los resultados obtenidos de la aplicación de las dos pruebas pedagógicas (inicial y final) a partir de los objetivos trazados, se puede afirmar que la aplicación de la Webquest ha ofrecido resultados satisfactorios, lo cual puede observarse en los gráficos en los que se resumen estos resultados. Esto indica que el objetivo propuesto para darle solución al problema científico que se presenta es factible para el contexto educativo para el cual se ha creado.

# *Conclusiones*

1. Los fundamentos teóricos asumidos en la investigación permitieron elaborar y establecer los contenidos de la Webquest para la sistematización de conceptos informáticos de la Unidad 1: Adentrándonos al mundo de las TIC en los estudiantes del 7mo grado de la EVA "Olga Alonso".

2. El diagnóstico de necesidades para la sistematización de conceptos informáticos y la constatación del estado actual del problema de investigación accedieron conocer que existen deficiencias en los estudiantes de 7mo grado de la EVA "Olga Alonso" en el dominio de los citados conceptos objeto de estudio. Estas deficiencias pueden ser resueltas mediante un medio de enseñanza que responda a las exigencias del Programa de Informática, para lo cual se ha construido una Webquest.

3. Las características que posee la Webquest para la sistematización de conceptos informáticos están determinadas por las exigencias del Programa de la asignatura Informática que se establece para la Secundaria Básica en el 7mo grado, su creación resulta pertinente para la sistematización de conceptos en la Unidad 1: Adentrándonos al mundo de las TIC y para permitir un mejor aprovechamiento de los recursos informáticos, además, se distingue por contener acciones para establecer interrelaciones significativas en el sistema de conceptos de la asignatura.

4. En la valoración del criterio de los profesores de Informática y especialistas en la materia se constata que la Webquest que se propone tiene como fortalezas para su aplicación, la calidad que posee para la sistematización de conceptos informáticos, debido a que los procederes metodológicos propuestos para la realización de las actividades son acertados, por la existencia de una fiabilidad conceptual de los contenidos y porque se hace una derivación gradual de los contenidos que responde a los documentos normativos para la asignatura. Lo cual queda probado en los resultados registrados a través de los diferentes métodos y técnicas de investigación aplicados.

5. La aplicación del pre-experimento corrobora la efectividad de la Webquest que se propone, lo cual se constata en la comparación de las pruebas pedagógicas inicial y final en la que se percibe que la aplicación de la Webquest ha ofrecido resultados satisfactorios, esto indica que el objetivo propuesto para darle solución al problema científico que se presenta es factible para el contexto educativo para el cual se ha creado.

# Recomendaciones

1. Contextualizar la Webquest a todas las Unidades del Programa de Informática de 7mo grado, con el propósito de sistematizar los conceptos que se abordan en la asignatura y que son necesarios para aprendizaje de los estudiantes, con el fin de su posterior aplicación en la solución de problemas con el uso de la computadora.

2. Validar la Webquest propuesta en otros contextos educativos, para sistematizar conceptos informáticos, sobre la base de los postulados de la escuela histórico – cultural y en consecuencia con el desarrollo social que alcance la aplicación de las TIC.

# Bibliografía


- Adell, Jesús (2002). Tendencias en educación en la sociedad de las tecnologías de la información, EDUTEC, Revista Electrónica de Tecnología.
- Álvarez de Zayas, C (1992). M. La Escuela en la Vida.--La Habana: Ed. Educación y Desarrollo.
- Álvarez de Zayas, C (1995). M. Metodología de la Investigación científica. Santiago de Cuba: Centro de Estudios de Educación Superior "Manuel F. Gran". Universidad de Oriente.
- Álvarez Martínez, Adolfo (2013). La sistematización de conceptos. Disponible en: www.eumed.net [Consultado 5/ 4/15].
- Barbosa, G. F (2010). *"La Webquest como estrategia de aprendizaje en el marco de la sociedad del conocimiento"*. Disponible en: csi-csif.es [Consultado 1/ 6/15].
- Berdegué y otros (2002). Conceptos de sistematización. Disponible en: http://www.xtec.net/~cbarba1/Articles/concepteWQ [Consultado 12/ 4/15].
- Bermúdez Cárdenas, Gilda. (2011). Una experiencia de sistematización de resultados en la aplicación del software educativo Guinía, La primera Victoria.
- Brandt, M. (1998). Estrategia de evolución. Barcelona. España. Disponible en: www.cienciasecognicao.org [Consultado 1/ 6/15].
- Cabrera, J. F.; De La Cruz, M. P (2002). Trabajando en redes. La Habana: Ed. Pueblo y Educación.
- Carvajal Burbano, Arizaldo (2010*)*. Teoría y práctica de la sistematización de experiencias. 4ª Edición, Cali, Escuela de Trabajo Social y Desarrollo Humano-Universidad del Valle.
- Castellanos, D (2002). Aprender y enseñar en la escuela. La Habana: Ed. Pueblo y Educación.
- Chau, O (2009). Modelo Teórico Metodológico para la superación profesional de los docentes responsabilizados con la formación de los Profesores Generales Integrales de Secundaria Básica en el uso de las Tecnologías de la Información y las Comunicaciones. Tesis de Doctorado. UCP "Félix Varela".

- CIE. Sistematización: Selección de lecturas.-- [s.l: s.n, s.a].
- Colectivo de Autores (2000). Introducción a la Informática Educativa. Pinar del Río.
- Colectivo de autores (2007). Alternativas para la sistematización de la actividad científica.
- Díaz – Barriga, F. y Hernández, G. (2002). Estrategias docentes para un aprendizaje significativo, una experiencia constructivista. México.
- Díaz Rodríguez, Rodney (2012). Una experiencia de sistematización de resultados en la aplicación del software educativo "Mi localidad en la Revolución en el Poder".
- Diseñadores. *Conceptos básicos de sistematización*. Disponible en: http://tecnoinfo-unellez.blogspot.com/2011/05/conceptos-basicos-de-sistematizacion.html [Consultado 17/ 3/15].
- Dodge, Bernie (1995). *Origen del Concepto Webquest*. Comunitat Catalana de Webquest. Disponible en: http://webquest.sdsu.edu/designsteps/index.html [Consultado 12/ 4/15].
- Dodge, Bernie (2004). *The WebQuest Design Process*. San diego: San diego State University, Disponible en: http://webquest.sdsu.edu/designsteps/index.html [Consultado 12/ 4/15].
- Expósito Ricardo, Carlos y Otros (2001). Metodología de la Enseñanza de la Computación. Ministerio de Educación.
- Expósito, C. (2001). Algunos elementos de Metodología de la Enseñanza de la Informática. Ciudad de la Habana: MINED. Documento en formato digital.
- García. L. (1996). Sistematización del modelo de la escuela cubana. ICCP. La Habana. Disponible en: www.ice.deusto.es [Consultado 4/ 5/15].
- Gener, E. J. (2002). Elementos de informática básica. La Habana: Pueblo y Educación.
- González Castro, Vicente (1988). Medios de enseñanza. Editorial Pueblo y Educación, primera reimpresión. Ciudad de la Habana.
- González, V. (1996). Teoría y práctica de los medios de enseñanza. Editorial Pueblo y Educación. Ciudad de la Habana.

- Guetmanova, Alexandra (1989). Lógica. URSS. Progreso.
- Gutiérrez, R. B. (2008). Hacia una didáctica formativa por un hombre nuevo. Santa Clara: Universidad Pedagógica "Félix Varela". Documento en formato digital.
- Gutiérrez, R. B. Sociedad y Educación: La educación como  fenómeno social. Santa Clara: Universidad Pedagógica "Félix Varela", [s.a.]. Documento en soporte electrónico.
- Heidi Villa (2013). Sistematización. Disponible en: es.slideshare.net [Consultado 17/ 3/15].
- Hurtado Anido, Arelis (2010). Una experiencia de sistematización de resultados en la preparación de la asignatura Lengua Española en el multígrado.
- Iovanovich, M (2003). Sistematización de la Práctica Docente en EDJA. Disponible en: es.slideshare.net/rommy1702/conceptos-sistematización [Consultado 17/ 3/15].
- Jara, Oscar (2003). Para sistematizar experiencias. Selección de lecturas sobre sistematización. La Habana: CIE "Graciela Bustillos" Asociación de Pedagogos de Cuba, Ibídem, p. 6.
- Klinberg, L. (1978). Introducción a la didáctica general. Cuba.
- Labañino, C. A. (2003). La elaboración de materiales multimedia interactivos para la clase al alcance de todos. La Habana: Universidad Pedagógica "Enrique José Varona". Evento Pedagogía 2003.
- Labañino, C.A. (2001). Multimedia para la educación. La Habana: Ed. Pueblo y Educación.
- López, J.L. [s. a]. Enseñar a aprender. Un acercamiento metodológico en el uso de la red y de las nuevas tecnologías de la información y las comunicaciones en la formación de maestros. Disponible en: www.cprtoledo.com [Consultado 4/ 5/15].
- March, Tom (1998). The WebQuest Design Process. Disponible en: http://tommarch.com/writings/wq_design.php [Consultado 4/ 5/15].
- Marfil Francke y María de la Luz Morgan (1995). La sistematización: Apuesta por la generación de conocimiento a partir de las experiencias de promoción. Lima.

- Mendoza, H. J. (2004). Introducción a los sistemas de información. Uruguay: Universidad de la República Montevideo. Disponible en: www.monografias.com [Consultado 4/ 5/15].

- MINED. Modelo de escuela cubana. Fundamentos y exigencias de una propuesta curricular para la Secundaría Básica actual. --La Habana: MINED, 2002. Documento en formato digital.

- Niño, V. Los medios de enseñanza en el aula/ V. Niño, H. Pérez.-- [s.l: s.n.] Libro en formato digital.

- Nocedo de León, I. (2001). Metodología de la Investigación Educacional. -- La Habana: Ed. Pueblo y Educación. Segunda Parte.

- Pérez Moke, Mercedes y Urgellés Castillo, Idalmis (2009). Propuestas para la formación de conceptos en Informática. Cuba.

- Pérez, G. (1996). Metodología de la Investigación Educacional. La Habana: Ed. Pueblo y Educación. Primera Parte.

- Rodríguez del Castillo María A. (2009). La sistematización como resultado científico de la investigación educativa. ¿Sistematizar la sistematización?

- Rodríguez, L. A. (2007). Tecnología y Educación. Software educativo, una panorámica de la experiencia cubana. Santa Clara: Centro de Estudios VISOFTED: Universidad Pedagógica "Félix Varela". Documento en soporte electrónico.

- Rodríguez, R. (2002). Introducción a la Informática Educativa. La Habana: Ed. Pueblo y Educación.

- SOFTWARE.html. Portada Utilización de Software. [s.l: s.n.], 2005. Disponible en: www.cosaslibres.com/software.html [Consultado 9/ 9/15].

- *Sotero Estrada Luis Roberto* (2001). La importancia del uso de la computación y otras técnicas en el trabajo Docente-Metodológico-Educativo. Experiencias obtenidas en el plan de computación de Profesores Integrales de Secundaria Básica. Disponible en: http://cied.rimed.cu/revista/61/articulos/importancia.pdf [Consultado 5/ 4/15].

- Talízina, N. (1988). *Psicología de la Enseñanza*. Editorial progreso, Moscú.

- Torres, P. G. (2003). Didáctica de las tecnologías de la información y la comunicación. Santa Clara: Universidad Pedagógica "Félix Varela". Evento Pedagogía 2003.
- Vigotski, L.S. [s. a]. Su concepción del aprendizaje y de la enseñanza. En Tendencias Pedagógicas contemporáneas/ Colectivo de autores. La Habana: CEPES: Universidad de la Habana. Documento en formato electrónico.
- Zilberstein, J. (1998). ¿Diagnosticamos el aprendizaje de nuestros  alumnos? - En Desafío Escolar (La Habana). Primera Edición Especial.

# *Anexos*

**Anexo #1: Guía para el análisis de documentos.**

Documento 1*:* Programas de Informática de la Educación Primaria.

Objetivo: delimitar conceptos informáticos que debe haber formado y sistematizado el estudiante que arriba a la Secundaria Básica.

Documento 3: software educativo "Informática Básica".

Objetivo: determinar la correspondencia de la propuesta con las opciones del hiperentorno de aprendizaje de este medio de enseñanza.

Documento 2*:* Programa de Informática Básica del 7mo grado.

Objetivo: precisar objetivos y contenidos del grado para ver el tratamiento que se le da a la formación y sistematización de conceptos informáticos en la Unidad 1: Adentrándonos al mundo de las TIC.

**Anexo #2: Guía de observación a las clases de Informática.**

Objetivo: evaluar el nivel de sistematización de conceptos informáticos por parte de los estudiantes de 7mo grado de la EVA "Olga Alonso".

Tipo de observación: estructurada, abierta y participante.

Tiempo de Observación: 45 min.

Grupo: _____ Matrícula ____ Presentes: ____ % _____

Indicadores a evaluar:

- Dominio de conceptos básicos: (Hardware, Software, Sistema Operativo, Virus Informático, Multimedia, Software Educativo, TIC, Redes).
- Niveles de independencia en la aplicación de conceptos informáticos.
- Nivel de creatividad en la aplicación de conceptos informáticos.

| Aspectos a Evaluar | Número de estudiantes/Porciento | | | | | |
|---|---|---|---|---|---|---|
| | Bien | % | Regular | % | Mal | % |
| Dominio de conceptos básicos. | | | | | | |
| Nivel de independencia en la aplicación de conceptos informáticos. | | | | | | |
| Nivel de creatividad en la aplicación de conceptos informáticos. | | | | | | |

Para poder ser evaluados estos indicadores, se prestablecen de la siguiente manera:

- Serán evaluados de Bien los que logren responder de 7 a 8 conceptos adecuadamente, de Regular los que respondan de 4 a 6 y de Mal los que no logren decir más de 3.
- En el nivel de independencia que logran los estudiantes para aplicar los conceptos informáticos, serán evaluados de Bien los que logren responder a las interrogantes sin recibir ayuda del profesor, de Regular aquellos que logran

responder con algún nivel de ayuda del profesor y de Mal los que para responder necesitan ayuda excesiva del profesor.

- Al medir el nivel de creatividad que alcanzan para aplicar los conceptos informáticos, serán calificados de Bien los que sean capaces de hacerlo ser ayudados por el profesor, de Regular los que necesitan algún nivel de ayuda para lograrlo y de Mal los que prescinden de una constante ayuda del profesor para aplicar dichos conceptos.

**Anexo #3: Resultados de la Guía de observación (inicial).**

| Aspectos a Evaluar | Número de estudiantes/Porciento | | | | | |
| --- | --- | --- | --- | --- | --- | --- |
| | Bien | % | Regular | % | Mal | % |
| Dominio de conceptos básicos | 11 | 25 | 15 | 34.1 | 18 | 40.9 |
| Niveles de independencia en la aplicación de conceptos informáticos | 13 | 29.5 | 11 | 25 | 20 | 45.5 |
| Nivel de creatividad en la aplicación de conceptos informáticos | 5 | 11.4 | 17 | 38.6 | 22 | 50 |

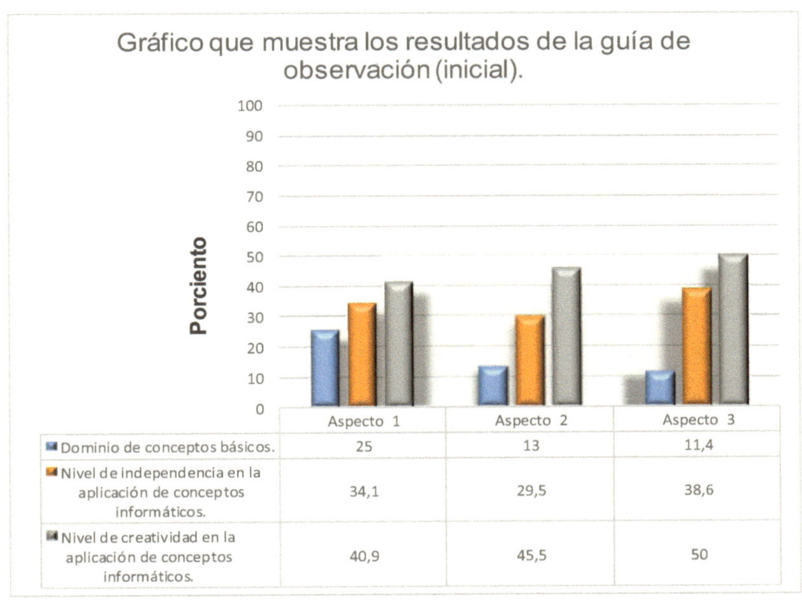

**Anexo #4: Encuesta a estudiantes.**

Estimado estudiantes:

A continuación te presentamos una serie de preguntas relacionadas fundamentalmente con la bibliografía que debes consultar en tu preparación para la asignatura Informática, necesitamos tu opinión crítica y sincera sobre la misma. El carácter anónimo del cuestionario garantiza la reserva en el uso de tus opiniones.

Lee cada pregunta y contéstela en el espacio asignado, justificando tu elección.

1. Consideras importante el estudio de la asignatura:

   a) Sí ___________

   b) No ___________

Porque ___________________________________________________________

_______________________________________________________________________


2. Los textos empleados en tu preparación para la clase:

   a) Abarcan suficientemente los contenidos impartidos _________

   b) Abarcan los contenidos impartidos _________

   c) Son insuficientes _________

Porque ___________________________________________________________

_______________________________________________________________________


3. Para el desarrollo de los contenidos en la clase, el profesor utiliza la bibliografía para apoyar su exposición.

   a) Sí ______

   b) A veces _______

   c) Nunca _______

**Anexo #5: Entrevista a Profesores de Informática.**

A continuación le presentamos un instrumento que permitirá conocer los aspectos relacionados con la asignatura Informática, su respuesta nos facilitará mejorar la calidad de la docencia en su asignatura. De la sinceridad de sus respuestas depende en gran medida el logro de los objetivos de la investigación.
Muchas gracias.

Datos personales:

Años de graduado _______

Años de experiencia impartiendo la asignatura Informática _______

Lee cada pregunta y contéstela en el espacio asignado, justificando su elección.

1. Los textos empleados en tu preparación para las clases son:

   a) Abarcan suficientemente los contenidos a impartir en clases __________

   b) Abarcan los contenidos a impartir en clases __________

   c) Son insuficiente __________

2. Para el desarrollo de los contenidos en la clase, emplea bibliografías para apoyar su exposición:

   Sí _______ En ocasiones _______ Nunca _______

3. ¿Considera necesaria la inclusión de un material de estudio como complemento del libro de texto y el software educativo existente en las escuelas, para facilitar su preparación previa y su utilización en clases?

   Sí______ No _______

4. Si su respuesta es afirmativa, ¿qué contenidos sugiere incluir en ese material de estudio?

______________________________________________________________

______________________________________________________________

**Anexo #6: Prueba Pedagógica a los estudiantes (inicial).**

**Objetivo:** constatar el nivel de conocimientos que poseen los estudiantes sobre las TIC.

1. ¿Qué es el Sistema Operativo? Marca con una cruz la respuesta correcta.

   ___Conjunto de programas que controlan y verifican todas las operaciones internas de la computadora.

   ___Conjunto de programas a través de los cuales, se puede acceder a todos los discos y carpetas de la computadora.

   ___Conjunto de programas que controlan y verifican todas las operaciones internas de la computadora, son útiles pero no imprescindibles.

   a) Menciona 3 o más Sistemas Operativos que usted conozca.

   b) Menciona algunas de las funciones de los Sistemas Operativos.


2. Reconoce cada uno de los planteamientos en verdadero o falso.

   ___ Las TIC pueden definirse como un conjunto de recursos necesarios para manipular la información y particularmente los ordenadores, programas informáticos y redes necesarias para convertir dicha información, almacenarla, administrarla, transmitirla y encontrarla.

   .

   ___De acuerdo a las tecnologías que emplean estos pueden reagruparse en las redes, emisores y conectores.

   ___La TIC son de gran importancia para la sociedad moderna, dado el papel que desempeñan en las esferas en las cuales laboran los humanos.


3. Selecciona la respuesta correcta.

   En informática Multimedia e Hipermedia es:

   ___ Es el nombre que recibe el texto que en la pantalla de un dispositivo electrónico conduce a otro texto relacionado.

____ Su nombre de la suma de hipertexto y multimedia, una red hipertextual en la que se incluye no sólo texto, sino también otros medios: imágenes, audio, vídeo, etc.

____ Sistema informático interactivo, controlable por el usuario, que integra diferentes medios como el texto, el vídeo, la imagen, el sonido y las animaciones.

4. Diga con tus palabras que entiendes por Sistema Informático y Software Educativo. Clasifica uno de ellos.

5. Cuba cuenta con los productos antivirus requeridos para proteger nuestras redes de computadoras del acecho de cada uno de los programas informáticos malignos que se detectan en el país.

   a) Defina que son los virus informáticos.

   b) ¿Qué son los programas antivirus?

   c) Menciona 2 o más virus y antivirus estudiados.

Para evaluar el nivel de conocimiento de los estudiantes en la prueba inicial se hace necesario elaborar una escala cualitativa;

Bien (B) si responde correctamente los cinco elementos del conocimiento de las TIC, R si responde correctamente de tres a cuatro preguntas y M si la respuesta es de dos o menos elementos.

| Preguntas | Número de Incidencias | | | | | |
|---|---|---|---|---|---|---|
| | Bien | % | Regular | % | Mal | % |
| 1 | 8 | 18.1 | 10 | 22.7 | 26 | 59 |
| 2 | 17 | 38,6 | 8 | 18.1 | 19 | 43.1 |
| 3 | 13 | 29.5 | 10 | 22.7 | 21 | 47.7 |
| 4 | 10 | 22.7 | 16 | 36.4 | 18 | 40.9 |
| 5 | 9 | 20.5 | 14 | 31.8 | 21 | 47.7 |

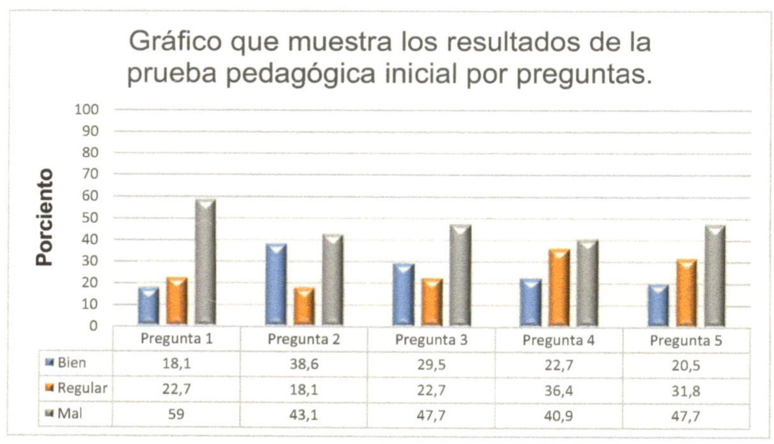

**Anexo #8**

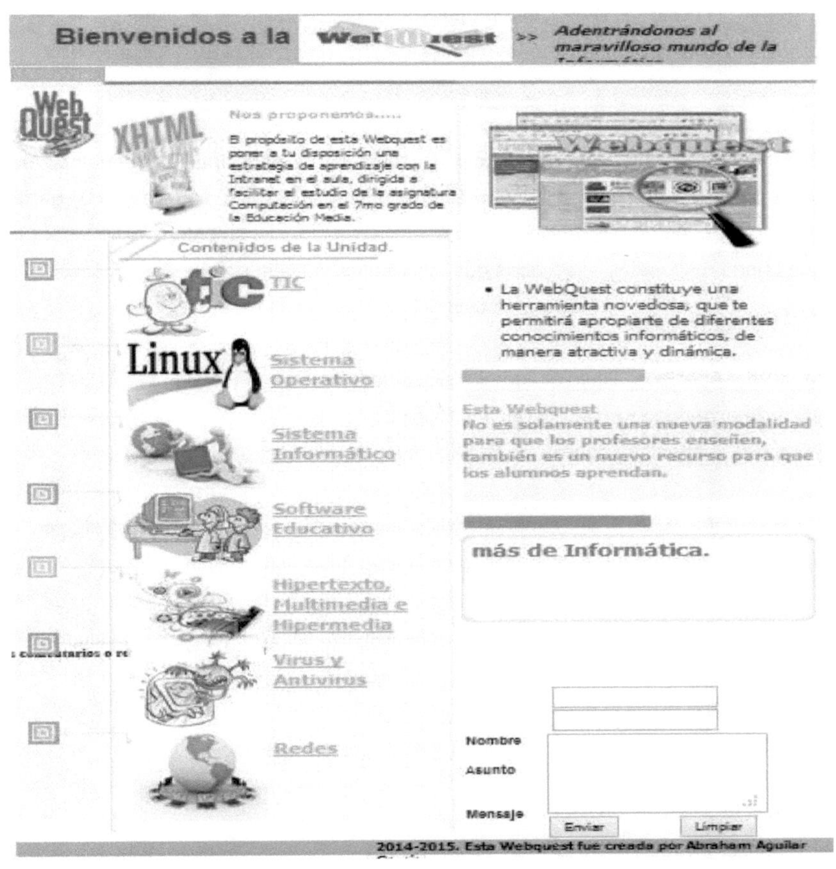

Bienvenidos a la WebQuest >> Adentrándonos al maravilloso mundo de la Informática
Nos proponemos.....
El propósito de esta Webquest es poner a tu disposición una estrategia de aprendizaje con la Intranet en el aula, dirigida a facilitar el estudio de la asignatura Computación en el 7mo grado de la Educación Media.
Contenidos de la Unidad.
TIC
Sistema Operativo
Sistema Informático
Software Educativo
Hipertexto, Multimedia e Hipermedia
Virus y Antivirus
Redes
La WebQuest constituye una herramienta novedosa, que te permitirá apropiarte de diferentes conocimientos informáticos, de manera atractiva y dinámica.
Esta Webquest
No es solamente una nueva modalidad para que los profesores enseñen, también es un nuevo recurso para que los alumnos aprendan.
más de Informática.
Nombre
Asunto
Mensaje
Enviar
Limpiar
2014-2015. Esta Webquest fue creada por Abraham Aguilar

**Anexo #9: Cuestionario para profesores de Informática de 7mo grado.**

**Objetivo:** valorar la Webquest propuesta para contribuir a la sistematización de conceptos informáticos en los estudiantes de 7mo grado de la EVA "Olga Alonso".

Estimado(a) compañero(a):

Con el fin de validar una investigación acerca de la necesidad de contribuir a la sistematización de conceptos informáticos en los estudiantes de 7mo grado, para lo cual se propone una Webquest; le presentamos a Ud. el siguiente cuestionario, para que brinde respuestas adecuadas que contribuyan a nuestro empeño.

Muchas gracias.

Nombre y Apellidos: Título académico: Experiencia docente:

Años de experiencia en la Secundaria Básica:

Años de experiencia impartiendo la asignatura de Informática:

1- Evalúe entre 1 y 5 su experiencia en el diseño y empleo de estrategias de aprendizaje con recursos informáticos en la asignatura Informática _______

2- Atendiendo a la relación objetivo-contenido de la Webquest, la evalúa en la categoría:

___ Excelente

___ Muy Bien

___ Bien

___ Regular

___ Insuficiente

3- Atendiendo a la base orientadora que se propone en la Webquest, la valora de:

___ Excelente

___ Muy Bien

___ Bien

___ Regular

___ Insuficiente

4- Considera que los conocimientos previos del estudiante para la realización de las acciones que se plantean son:

___ Suficientes para desarrollarlas con éxito.

___ No en todos los casos son suficientes para desarrollarlas con éxito.

___ No son suficientes para desarrollarlas con éxito.

5- La contextualización de la Webquest a los objetivos de la Unidad #1: Adentrándonos al mundo de las TIC, lo supone:

___ Excelente

___ Muy Bien

___ Regular

___ Bien

___ Insuficiente

6- ¿Estima que la concepción de la Webquest propicia un aprendizaje desarrollador?

___ Siempre ___ No en todos los casos ___ Muy pocas ___ Ninguna

7- Evalúe la pertinencia de la Webquest:

___ Excelente

___ Muy Bien

___ Bien

___ Regular

___ Insuficiente

Alguna sugerencia o recomendación:

**Anexo #10: Cuestionario para especialistas en Informática.**

**Objetivo:** valorar la Webquest propuesta como medio de enseñanza, desde el punto de vista funcional, para contribuir a la sistematización de conceptos informáticos en los estudiantes de 7mo. Grado de la EVA "Olga Alonso".

Estimado(a) compañero(a):
Con el fin de validar una investigación acerca de la necesidad de contribuir a la sistematización de conceptos informáticos en los estudiantes de 7mo grado, para lo cual se propone, como medio de enseñanza, una Webquest,; le presentamos a Ud. el siguiente cuestionario, para que brinde respuestas adecuadas que contribuyan a nuestro empeño.

Muchas gracias.

Por su valiosa colaboración, muchas gracias.

**I. Datos personales:**
Nombre y Apellidos: _______________________________________________
Especialidad: _____________________
Categoría docente: ______________________
Título Académico/Grado científico: ______________

## INDICADORES PARA EVALUAR LA WEBQUEST

| IDENTIFICACIÓN Y CONTACTO | SI | NO | EN PARTE |
|---|---|---|---|
| ¿Es pertinente la realización de la Webquest? | | | |
| ¿Es posible entrar en contacto con el autor de la Webquest? | | | |
| ¿Se indica claramente la fecha de creación? | | | |

| CONTENIDOS | SI | NO | EN PARTE |
|---|---|---|---|
| ¿La Webquest tiene información adecuada y pertinente? | | | |
| ¿El contenido y los enlaces descritos son pertinentes y de utilidad para la impartición de las clases de Informática? | | | |
| ¿La información está libre de errores gramaticales y ortográficos? | | | |
| ¿Hace u uso correcto de los de texto e imágenes? | | | |
| ¿Emplea un lenguaje claro y conciso? | | | |
| ¿Contiene material significativo para utilizar? | | | |
| La metodología propuesta para la realización de las | | | |

| actividades es acertada. | | | |
| --- | --- | --- | --- |
| Fiabilidad conceptual. | | | |
| Derivación gradual de objetivos. | | | |
| Se logra mediante la propuesta la sistematización de conceptos informáticos. | | | |
| La propuesta es novedosa y de gran significación en el proceso pedagógico de la Informática en las escuelas secundarias. | | | |

| ESTRUCTURA Y DISEÑO | SI | NO | EN PARTE |
| --- | --- | --- | --- |
| ¿El acceso a la Webquest es rápido? | | | |
| ¿Desde la página principal se observa cómo está organizada la información y las opciones disponibles? | | | |
| ¿La propuesta tiene un diseño general claro y atractivo? | | | |
| ¿La navegación está bien estructurada? | | | |
| ¿Usa adecuadamente los textos y colores? | | | |
| ¿La Webquest emplea imágenes y textos que se complementan? | | | |
| ¿Se puede interactuar con la Webquest de manera fluida? | | | |
| ¿Los juegos interactivos que se emplean son claros, atractivos y están bien estructurados? | | | |

| ADECUACIÓN AL DESTINATARIO | SI | NO | EN PARTE |
| --- | --- | --- | --- |
| ¿La Webquest es adecuada para el nivel educacional y los estudiantes a los cuales está dirigida. ? | | | |
| ¿La Webquest conduce claramente al estudiante, en su navegación a través de la misma? | | | |
| ¿El vocabulario, lenguaje y los conceptos empleados son adecuados para el nivel educacional y los estudiantes previstos? | | | |
| ¿Posee colores, imágenes y textos, que favorecen la motivación? | | | |
| ¿Los juegos interactivos que se emplean, son adecuados para el nivel educacional y para los estudiantes? | | | |
| La Webquest tiene posibilidades reales de ser aplicada a los estudiantes del nivel medio. | | | |

**Anexo #11: Prueba Pedagógica a los estudiantes. (Final)**

**Objetivo:** constatar el nivel de conocimientos que poseen los estudiantes sobre las TIC.

1. ¿A que se denomina Sistema Operativo (SO)?
   a) Ordena cronológicamente los Sistemas Operativos presentados.
      ___ MS-DOS   ___ Linux ___ Windows NT   ___ Windows XP ___ Windows 2.0
   b) Identifica cuál es el Sistema Operativo que está instalado en tu escuela.
   c) Clasifique a los Sistemas Operativos teniendo en cuenta los siguientes criterios:
      - Administración de tareas.
      - Administración de usuarios.
2. ¿Qué entiende usted por TIC?
   a) Valore el impacto de las TIC para las sociedades modernas.
   b) Mencione como se pueden reagrupar las TIC, de acuerdo a las tecnologías que emplean.
3. Relacione los contenidos que se muestran en la siguiente tabla.

| A | B |
|---|---|
| **Multimedia** | Es el término con el que se designa al conjunto de métodos o procedimientos para escribir, diseñar o componer contenidos que integren soportes tales como: texto, imagen, video, audio, mapas y otros soportes de información emergentes, de tal modo que el resultado obtenido, además tenga la posibilidad de interactuar con los usuarios. |
| **Hipermedia** | Se utiliza para referirse a cualquier objeto o sistema que utiliza múltiples medios de expresión (físicos o digitales) para presentar o comunicar información variada, desde textos e imágenes, hasta animación, sonido, video, etc. |
| **Hipertexto** | |

a) Mencione al menos 3 características de las Multimedias.
b) Mencione los tipos de hipermedia que existen. Explique una de ellas.

4. Identifica la imagen que se corresponde al Sistema Informático y al software educativo.

**1          2          3          4**

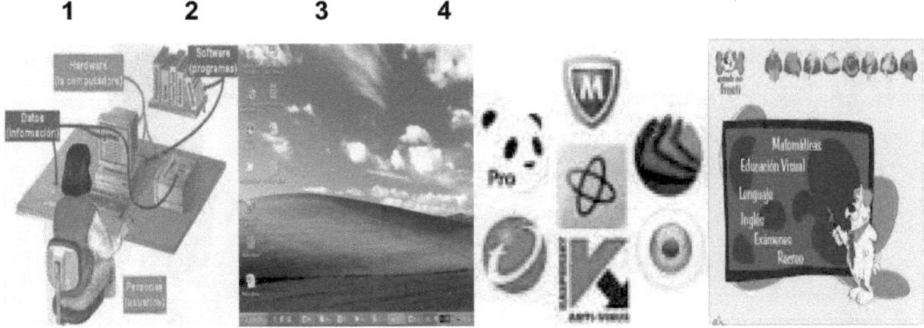

a) Definir a qué se denomina Sistema Informático.

b) Menciona las diferentes clasificaciones que existen de los mismos.

c) ¿A qué se denomina Software Educativo en Informática?

d) Ponga al menos 3 ejemplos de los Softwares Educativos que estén instalados en tu escuela.

5. La diversidad de métodos empleados para alterar el armónico funcionamiento de los sistemas operativos ha hecho que el término utilizado actualmente para referirse a dichos programas sea el de códigos malignos o programas malignos.

a) Atendiendo a su clasificación enlaza la columna A con la columna B.

A                              B

1- Gusanos                     _____Roban y trasmiten información de la víctima.
                               Permiten el control de la PC infectada.

2- Caballo de Troya            _____Se activan bajo determinadas condiciones:
                               Fechas, horas u otras acciones.

3- Jokes                       _____Se replican en redes, las saturan y hacen
                               colapsar.

4- Exploit                     _____Dejan inutilizables los software parcial o
                               permanentemente, algunos pueden dañar
                               el hardware.

5- Bombas lógicas              _____Explotan vulnerabilidades del software para

Penetrar el sistema.

6- Virus                         _____Son bromas para asustar al usuario.


b) En contraposición a los virus tenemos a los antivirus. Define en qué consisten.

c) Menciona las diferentes clasificaciones que existen de los antivirus.

**Anexo #12: Resultados de la prueba pedagógica final por preguntas.**

| Niveles | Pregunta 1 | | Pregunta 2 | | Pregunta 3 | | Pregunta 4 | | Pregunta 5 | |
|---|---|---|---|---|---|---|---|---|---|---|
| | Total | % | Total | % | Total | % | Total | % | Total | % |
| Bien | 37 | 84.1 | 39 | 88.6 | 36 | 81.8 | 37 | 84.1 | 40 | 90.9 |
| Regular | 4 | 9.1 | 3 | 6.8 | 5 | 11.4 | 6 | 13.6 | 2 | 4.5 |
| Mal | 3 | 6.8 | 2 | 4.5 | 4 | 9.1 | 1 | 2.3 | 2 | 4.5 |

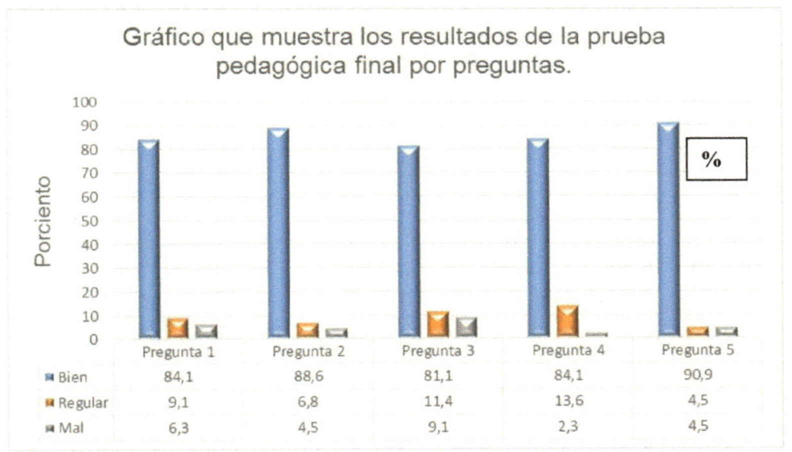

**Anexo #13: Tabla comparativa de los resultados por objetivos de las pruebas pedagógica (inicial y final).**

| Preguntas | Prueba Inicial. Estudiantes 44 | | | | | | Prueba Final. Estudiantes 44 | | | | | |
|---|---|---|---|---|---|---|---|---|---|---|---|---|
| | B | % | R | % | M | % | B | % | R | % | M | % |
| 1 | 8 | 18.2 | 10 | 22.7 | 26 | 59.1 | 37 | 84.1 | 4 | 9.1 | 3 | 6.8 |
| 2 | 17 | 38.6 | 8 | 18.2 | 19 | 43.2 | 39 | 88.6 | 3 | 6.8 | 2 | 4.5 |
| 3 | 13 | 29.5 | 10 | 22.7 | 21 | 47.7 | 36 | 81.8 | 5 | 11.4 | 4 | 9.1 |
| 4 | 10 | 22.7 | 16 | 36.4 | 18 | 40.9 | 37 | 84.1 | 6 | 13.6 | 1 | 2.3 |
| 5 | 9 | 20.5 | 14 | 31.8 | 21 | 47.7 | 40 | 90.9 | 2 | 4.5 | 2 | 4.5 |

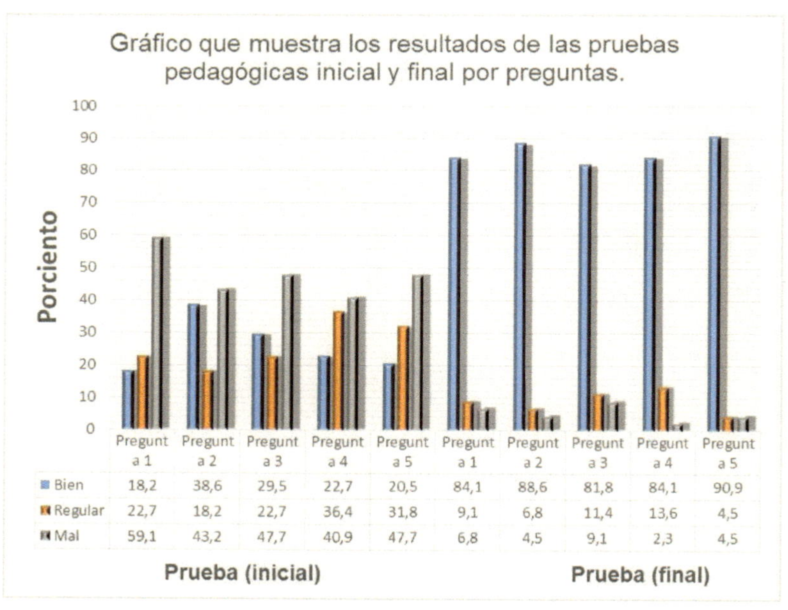